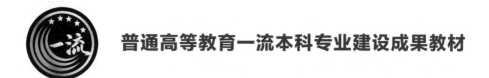

普通高等教育一流本科专业建设成果教材

辐射防护与核安全实验教程

聂小琴　等 编著

化学工业出版社

·北京·

内容简介

《辐射防护与核安全实验教程》主要包含实验基础知识和实验操作两部分内容，实验操作部分涉及辐射探测基础性实验、辐射环境监测综合性实验、放射性废物处理与处置探索性实验、科研反哺教学创新性实验共计54个实验，以及4个综合设计。

本书可作为高校辐射防护与核安全、核工程与核技术、核化工与核燃料工程等专业本科生的实验课教材，也可作为相关行业及科研院所的参考书。

图书在版编目（CIP）数据

辐射防护与核安全实验教程/聂小琴等编著.—北京：
化学工业出版社，2022.10（2024.8重印）
普通高等教育一流本科专业建设成果教材
ISBN 978-7-122-42069-5

Ⅰ.①辐… Ⅱ.①聂… Ⅲ.①辐射防护-高等学校-教材
②核安全-实验-高等学校-教材 Ⅳ.①TL7

中国版本图书馆 CIP 数据核字（2022）第 157381 号

责任编辑：满悦芝　　　　　　　　　　文字编辑：王　琪
责任校对：宋　夏　　　　　　　　　　装帧设计：张　辉

出版发行：化学工业出版社（北京市东城区青年湖南街 13 号　邮政编码 100011）
印　　装：北京天宇星印刷厂
787mm×1092mm　1/16　印张 11　字数 267 千字　　2024 年 8 月北京第 1 版第 2 次印刷

购书咨询：010-64518888　　　　　　售后服务：010-64518899
网　　址：http://www.cip.com.cn
凡购买本书，如有缺损质量问题，本社销售中心负责调换。

定　　价：39.80 元

前　言

　　《辐射防护与核安全实验教程》以辐射防护与核安全专业开展的实验项目为基础，结合目前核学科的发展趋势，吸纳先进的理论和技术编写而成。它不仅集中了编著院校多年从事辐射防护与核安全实验教学的经验和体会，而且重点融入了科研反哺教学的理念，结合目前的辐射探测、辐射监测、放射性废物处理与处置等方面的科研成果，设计出四部分实验项目54个，设计类项目4个，共计58个。为培养学生的综合实践能力和创新精神，在专业的经典验证性和综合性实验基础上，增加了探索性实验、创新性实验和综合设计。教程包括6个部分的内容：第1部分为辐射防护与核安全基础知识，通过介绍后续实验操作部分所涉及基本概念和原理，巩固学生已学的辐射探测理论知识。第2部分为辐射探测基础性实验，根据理论教材内容而设计的经典实验项目，旨在培养学生的实践动手能力。第3部分为辐射环境监测综合性实验，是将辐射环境监测理论教材内容融会贯通，根据内容的相关性设计实验项目，目的是培养学生综合运用所学知识、分析和解决问题的能力。第4部分为放射性废物处理与处置探索性实验，根据学生已经掌握的理论和技术，引导学生完成具有探索性的实验项目，以培养学生的创新能力。第5部分为科研反哺教学创新性实验，基于科研团队的科研项目，学生以项目的形式完成创新性实验项目，以激发学生对科研的兴趣，培养基础科研能力。第6部分为辐射防护与核安全综合设计实验，根据辐射防护与核安全的实际应用需求，开发了4个综合设计项目，要求学生通过整合基础知识和前沿资料调研综合设计完成，培养学生解决实际问题的能力。

　　本书是西南科技大学辐射防护与核安全专业国家级一流专业建设成果教材，由聂小琴、潘宁、谢华、马春彦、王君玲和刘成共同编著，其中聂小琴负责编写第1部分、第3部分实验3.3～3.9、第6部分设计6.1和6.2，潘宁、谢华负责设计编写第4部分实验，马春彦负责整理汇编第5部分实验，王君玲负责设计编写第2部分实验，刘成负责设计编写第3部分实验3.1和3.2、3.10～3.12、第6部分设计6.3和6.4。全书由聂小琴总体设计和统稿完善。

　　本书的出版得到了西南科技大学国防科技学院及核科学与技术学科全体教职工的大力支持与帮助，尤其感谢在本书编写过程中提供素材的各位同事（谢华、杨玉山、王小胡、江阔、李波、丁艺、朱琳、何毅、李华、王蓉、程文财、王欣、李江波等老师），特此一并表示感谢。

　　作者编写本书时曾参阅了相关文献资料，在此，谨向其作者深表谢意。

　　由于作者水平有限，本教材难免存在一些缺点和不足，需要在今后教学实践中不断修正，敬请各位同仁和广大读者批评指正。

编著者

2022 年 9 月于绵阳

目　录

第 3 部分
辐射环境监测综合性实验　　　　　　　　　　　　　　45

第 4 部分
放射性废物处理与处置探索性实验　　　　　　　　　73

第 5 部分
科研反哺教学创新性实验　　131

第 6 部分
辐射防护与核安全综合设计　　161

第1部分

辐射防护与核安全基础知识

辐射防护与核安全作为普通高校本科专业，其人才培养目标是掌握辐射防护与核安全专业的基础理论和技能，具备从事核与辐射监测和防护、安全评价、污染防治等工作所需能力。专业综合实验是理论知识到工程实践的桥梁，在人才培养中具有重要作用。

本实验教程第1部分介绍了辐射防护与核安全基础知识，为第2部分的实验操作提供理论基础。

1.1
基本概念和单位

1.1.1 基本概念

（1）电离辐射

是指射线或粒子携带足以使物质原子或分子中的电子成为自由态，从而使这些原子或分子发生电离现象的能量（大于12.4eV）的辐射。电离辐射的分类如图1-1所示。

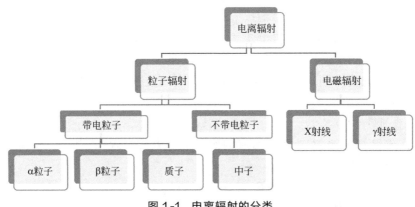

图 1-1 电离辐射的分类

（2）放射性核素

能够自发地从不稳定的原子核内部放出粒子或射线（如 α 粒子、β 粒子、γ 射线等），同时释放出能量，最终衰变形成稳定的元素而停止放射的元素。

（3）衰变常数（λ）

指放射性核素的一个原子核在单位时间内发生衰变的概率。

（4）半衰期（$T_{1/2}$）

放射性元素的原子核有半数发生衰变时所需要的时间。

（5）活度（A）

指每秒钟原子核衰变的平均次数。SI 单位为 s^{-1}，称为贝可勒尔（Bq）。计算如式(1-1)。

$$A(t) = \frac{dN(t)}{dt} = \lambda N(t) \tag{1-1}$$

式中　dN——在时间间隔 dt 内，该核素从该能态发生自发核跃迁数目的期望值。

（6）放射源

用放射性物质制成的辐射源的通称。根据释放粒子或射线的类型可分为 α 放射源、β 放射源、γ 放射源和中子源等。按照放射源的封装方式可分为密封放射源和非密封放射源。

（7）射线装置

能产生预定水平 X 射线、γ 射线、中子等的电气设备或内含放射源的装置。

（8）吸收剂量（D）

单位质量物质接收电离辐射的平均能。SI 单位为戈瑞（Gy），$1Gy=1J/kg$，习惯单位是拉德（rad），$1rad=0.01Gy$。计算如式(1-2)。

$$D = \frac{dE}{dm} \tag{1-2}$$

式中　dE——电离辐射授予物质的平均能量；

　　　dm——物质的质量。

（9）吸收剂量率

指单位时间内的吸收剂量。

（10）当量剂量（H）

辐射 R 在器官或组织 T 内产生的平均吸收剂量与辐射 R 的辐射权重因数的乘积。SI 单位为希沃特（Sv），$1Sv=1J/kg$。计算如式(1-3)。

$$H_{T,R} = D_{T,R} \times \omega_R \tag{1-3}$$

式中　$D_{T,R}$——辐射 R 在器官或组织 T 内产生的平均吸收剂量；

　　　ω_R——辐射 R 的辐射权重因数，如表 1-1 所示。

当辐射场是由具有不同 ω_R 的不同类型的辐射所组成时，计算如式(1-4)。

$$H_T = \sum_R (D_{T,R} \times \omega_R) \tag{1-4}$$

（11）有效剂量（E）

受照器官或组织的当量剂量与相应的组织权重因数乘积的总和。SI 单位为希沃特（Sv），$1Sv=1J/kg$。计算如式(1-5)。

$$E = \sum_T (\omega_T \times H_T) \tag{1-5}$$

式中　H_T——器官或组织 T 所受到的当量剂量；

　　　ω_T——器官或组织 T 的组织权重因数，如表 1-2 所示。

表 1-1 不同射线的权重因数 ω_R

射线类型	能量范围	权重因数 ω_R
光子	所有能量	1
电子及介质	所有能量	1
质子	>2MeV	6
α粒子、裂变碎片、重核	所有能量	20
中子	<10keV	5
	10~100keV	10
	>100keV~2MeV	20
	>2~20MeV	10
	>20MeV	5

表 1-2 不同器官或组织的权重因数 ω_T

器官或组织	权重因数 ω_T	器官或组织	权重因数 ω_T
性腺	0.20	肝	0.05
骨髓	0.12	食道	0.05
胃	0.12	甲状腺	0.05
肺	0.12	皮肤	0.01
膀胱	0.05	骨表面	0.01
乳腺	0.05	其余器官或组织	0.05
结肠	0.12		

（12）随机性效应

发生概率与剂量成正比，而严重程度与剂量无关的辐射效应。

（13）确定性效应

通常情况下存在剂量阈值的一种辐射效应，超过阈值时，剂量越高则效应的严重程度越大。

（14）辐射防护与安全

保护人员免受电离辐射或放射性物质的照射和保持实践中源的安全，包括为实现这种防护与安全的措施。

1.1.2 基本单位

（1）伦琴（R）

1R 定义是在 0℃、760mmHg（1mmHg＝133.322Pa）气压的 1cm³ 空气（质量为 0.001293g）中，产生 1 静电单位（3.3364×10^{-10}C）的正、负离子。与国际单位的换算是 $1R = 2.58 \times 10^{-4}$C/kg。

（2）贝可勒尔（Bq）

放射性核素活度的国际单位。1Bq＝1 次放射性衰变/s。

（3）居里（Ci）

单位时间内发生衰变的原子核数。定义单位时间内发生 3.7×10^{10} 次衰变的放射性活度为

1Ci，其基准相当于 1g 镭 226 的活度。1Ci＝$3.7×10^{10}$Bq。

（4）戈瑞（Gy）

吸收剂量的国际单位，表示 1kg 物质吸收 1J 的辐射能量。1Gy＝1J/kg。

（5）拉德（rad）

吸收剂量的习惯单位。1rad＝0.01Gy。

（6）希沃特（Sv）

有效剂量和当量剂量的国际单位，表示 1kg 器官或组织吸收了 1J 辐射能量。1Sv＝1J/kg。

1.2
射线与物质的相互作用

常见的射线有 α、β、γ、中子与 X 射线，其中 α、β 射线为带电粒子流，γ 与 X 射线为光子，中子射线为不带电的粒子流。不同种类的射线与物质相互作用产生不同的物理效应。

1.2.1 带电粒子

α、β 射线与物质相互作用产生的物理效应包括电离、激发、韧致辐射、湮灭辐射，如图 1-2 所示。

图 1-2 带电粒子与物质的相互作用

（1）电离

指带电粒子使物质原子核外电子脱离原子轨道变成离子对的过程。

（2）激发

如果核外电子所获动能不足以使之成为自由电子，只是从内层跃迁到外层，从低能级跃迁到高能级。

（3）韧致辐射

带电粒子受到原子核电场作用而发生方向和速度变化，多余能量以 X 射线形式释放出来，称为韧致辐射。

（4）湮灭辐射

正电子通过物质时，其动能完全消失后，可与物质中的自由电子相结合而转化为一对发射方向相反、能量各为 0.511keV 的 γ 光子。

1.2.2 光子

由于光子的能量不同，X、γ 射线与物质的相互作用产生的物理效应包括光电效应、康普顿效应、电子对效应，如图 1-3 所示。

图 1-3 光子与物质的相互作用

（1）光电效应

能量较低的光子与介质原子核外电子碰撞，将能量传递给电子，使之脱离原子而光子消失的过程。

（2）康普顿效应

能量较高的光子与原子核外电子碰撞，将部分能量传递给电子，使之脱离原子轨道成为高速运行的电子，光子能量降低，运行方向改变。

（3）电子对效应

当光子的能量大于 1.022MeV，在物质原子核电场作用下转化为一个正电子和一个负电子，称为电子对效应。

1.2.3 非带电粒子

具有不同能量的中子与物质相互作用产生的物理效应包括吸收、弹性散射、非弹性散射，如图 1-4 所示。

图 1-4 非带电粒子与物质的相互作用

（1）慢中子

能量小于 5keV 的中子，与物质相互作用产生的物理效应为吸收。

（2）中能中子

能量为 0.1～100keV 的中子，与物质相互作用产生的物理效应为弹性散射。

（3）快中子

能量为 0.1～500MeV 的中子，与物质相互作用产生的物理效应为非弹性散射。

1.3
辐射防护

辐射防护是原子能科学技术的一个重要分支。保护从事放射性工作的人员、公众及其后代的健康与安全，保护环境，促进原子能事业的发展是辐射防护的基本任务。

1.3.1 辐射危害

在接触电离辐射的工作中，如防护措施不当，违反操作规程，人体受照射的剂量超过一定限度，则能发生有害作用。个人受到的辐射剂量与危害程度见表 1-3。

表 1-3　辐射对人体的损伤

人体受到的辐射剂量	危害程度
0～199μSv	基本无伤害
200～399μSv	轻度头晕,有呕吐感
400～999μSv	会产生呕吐与头晕症状,严重者昏厥
1000～4000μSv	内脏受损,有强烈疼痛感,有生命危险
大于 4000μSv	生命极度危险,严重者死亡

1.3.2　防护原则

辐射防护三大原则包括辐射实践正当化、辐射防护与安全最优化、个人剂量当量限值。

（1）辐射实践正当化

对于一项实践,只有在考虑了社会、经济和其他有关因素之后,其对受照个人或社会所带来的利益足以弥补其可能引起的辐射危害时,该实践才是正当的。

（2）辐射防护与安全最优化

对于来自一项实践中的任一特定源的照射,应使防护与安全最优化,使得在考虑了经济因素和社会因素之后,个人受照剂量的大小、受照射的人数以及受照射的可能性均保持在可合理达到的尽量低水平。

（3）个人剂量当量限值

为了避免发生辐射的确定性效应,并把随机性效应的发生率降至可接受的水平,必须对个人剂量加以限制。个人剂量当量限值使用的基本量是有效剂量。按照我国辐射防护标准 GB 18871—2002 的规定,个人剂量当量限值如表 1-4 所示。

表 1-4　个人剂量当量限值

项目	公众人员	16～18 岁学员	工作人员
年有效剂量	≤1mSv	≤6mSv	≤20mSv
任何一年中的有效剂量	≤5mSv	—	≤50mSv
眼晶体的年当量剂量	≤15mSv	≤50mSv	≤50mSv
四肢或皮肤的年当量剂量	≤50mSv	≤150mSv	≤500mSv

1.3.3　防护要素

辐射防护的三要素包括时间、距离和屏蔽,或者说辐射防护的主要方法是时间防护、距离防护和屏蔽防护。

（1）时间防护

在辐射场内的人员所受照射的累积剂量与时间成正比,缩短照射时间便可减少所接受的剂量。

（2）距离防护

辐射源射线的强度衰减与距离的平方成反比,增加与辐射源的距离便可减少所接受的剂量。

（3）屏蔽防护

辐射源射线穿透物质时强度会减弱，增加防护设施和穿戴防护用品便可减少所接受的剂量。

1.3.4 屏蔽防护

α射线是一种带电粒子流，与物质作用很容易引起电离。α粒子质量较大，穿透能力差，用一张纸或健康的皮肤就可以屏蔽。

β射线也是一种高速带电粒子，与物质作用能引起电离。与α射线相比，β射线电离弱，穿透能力强，可用铝箔、有机玻璃等作为屏蔽材料。

X、γ射线都是一种波长短的电磁波，穿透能力强，可选用铅和含硼等材料进行屏蔽。

中子穿透能力强，危害大。含氢的材料如水、石蜡、聚乙烯能有效降低中子的能量，减小其穿透能力和危害。中子在与物质发生相互作用时可能产生γ射线，因此，在对中子进行屏蔽防护时有必要进行γ射线的屏蔽防护。

1.4
核安全

核安全是指对核设施、核活动、核材料和放射性物质采取必要和充分的监控、保护、预防和缓解等安全措施，防止由于任何技术原因、人为原因或自然灾害造成的事故发生，并最大限度地减少事故的发生和减轻事故的后果，从而保护工作人员、公众和环境免受不当的辐射危害。2003年，国际原子能机构（IAEA）为响应成员国制定核法律和协调本国法律制度安排与国际标准相一致的要求，提供了完善的管理和监管安全与和平利用核能方面的法律框架基本要素，出版了《核法律手册》（Handbook on Nuclear Law）。2011年IAEA出版的《核法律手册：实施立法》（Handbook on Nuclear Law：Implementing Legislation），为各国提供了制定或修订核法律以及用作核法律基本原则指南，并提出了"3S"概念。"3S"概念是指"核安全（nuclear safety）、核安保（nuclear security）和核保障（nuclear safeguard）"。狭义上的核安全是指"nuclear safety"，即核设施在其设计、建造、运行、维修及退役期间为保护公众及环境免受可能的放射性伤害而采取的所有措施的总和，这些措施应可确保核设施的正常运行、预防事故的发生、限制可能的事故后果。广义上的核安全是指"3S"概念，即除上述核安全概念以外，主要还包括核材料管控、防止核武器扩散、防范非国家行为体的核扩散及核恐怖主义等内容。

1.4.1 核安全的基本内涵

（1）核安全总目标

通过建立和维持对放射性危害的有效防御，保护人员、社会和环境免受电离辐射的危害。

（2）辐射防护目标

确保在所有的运行状态下在核设施内以及任何从核设施有计划排放的放射性物质引起的

辐射照射低于规定限值，并保持合理可行、尽量低的水平，还要确保任何事故的放射性后果的减缓。

（3）技术安全目标

采取所有合理可行的措施以防止核设施发生事故，以及减轻其万一发生事故时的后果。高度确保在核设施的设计中所有可能的事故，包括那些概率很低、其放射性后果也可能很小并低于规定限值的事故，都已得到考虑。确保具有严重的放射性后果的事故概率极低。

1.4.2 核安全的基本原则

为了实现人类和环境免于电离辐射的有害影响这一基本安全目标，安全标准"基本安全原则"（《安全标准丛书》第 SF-1 号），提出了适用于所有核与辐射设施和活动都必须遵循的十项基本安全原则。

原则 1：安全责任

对引起辐射危险的设施和活动负有责任的人员或组织必须对安全负主要责任。

原则 2：政府职责

必须建立和保持有效的法律和政府安全框架，包括独立的监管机构。

原则 3：对安全的领导和管理

在与辐射危险有关的组织内以及在引起辐射危险的设施和活动中，必须确立和保持对安全的有效领导和管理。

原则 4：设施和活动的合理性

引起辐射危险的设施和活动必须能够产生总体效益。

原则 5：防护的最优化

必须实现防护的最优化，以提供能够合理达到的最高安全水平。

原则 6：限制对个人造成的危险

控制辐射危险的措施必须确保任何个人都不会承受无法接受的伤害危险。

原则 7：保护当代和后代

必须保护当前和今后的人类和环境免于辐射危险。

原则 8：防止事故

必须做出一切实际努力防止和缓解核事故或辐射事故。

原则 9：应急准备和响应

必须为核事件或辐射事件的应急准备和响应做出安排。

原则 10：采取防护行动减少现有的或未受监管控制的辐射危险

必须证明为减少现有的或未受监管控制的辐射危险而采取的防护行动的合理性，并使这些行动达到最优化。

1.4.3 核安全事件

国际原子能机构（IAEA）和经济合作及发展组织核能机构（OECD/NEA）把核安全事件共分为 7 级，见表 1-5。其中 1～3 级为事件，4～7 级为事故。

表 1-5　国际核事件分级表

级别		说明	准则	实例
事件	1级	异常	超出规定运行范围的异常情况,可能由于设备故障、人为差错或规程有问题引起	2009年法国诺尔省葛雷夫兰核电站事件
	2级	事件	安全措施明显失效,但仍具有足够纵深防御,仍能处理进一步发生的问题。导致工作人员所受剂量超过规定年剂量限值的事件和/或导致在核设施设计未预计的区域内存在明显放射性,并要求纠正行动的事件	1978年美国爱达荷废物处理厂临界事件
	3级	重大事件	放射性向外释放超过规定限值,使用照射最多的厂外人员受到十分之几毫希沃特量级剂量的照射。无须厂外保护性措施。导致工作人员受到足以产生急性健康影响剂量的厂内事件和/或导致污染扩散的事件。安全系统再发生一点问题就会变成事故状态的事件,或者如果出现某些始发事件,安全系统已不能阻止事故发生的状况	1989年西班牙范德略斯核电厂事件
事故	4级	没有明显厂外风险的事故	放射性向外释放,使受照射最多的厂外个人受到几毫希沃特量级剂量的照射。由于这种释放,除当地可能需要采取食品管制行动外,一般不需要厂外保护性行动。核装置明显损坏。这类事故可能包括造成重大厂内修复困难的核装置损坏。例如动力堆的局部堆芯熔化和非反应堆设施的可比拟的事件。一个或多个工作人员受到很可能发生早期死亡的过量照射	2006年比利时弗勒吕核事故
	5级	具有厂外风险的事故	放射性物质向外释放(数量上,等效放射性超过$10^{14} \sim 10^{15}$Bq ^{131}I)。这种释放可能导需要部分执行应急计划的防护措施,以降低健康影响的可能性。核装置严重损坏,这可能涉及动力堆的堆芯大部分严重损坏,重大临界事故或者引起在核设施内大量放射性释放的重大火灾或爆炸事件	1979年美国三里岛核电站事故
	6级	重大事故	放射性物质向外释放(数量上,等效放射性超过$10^{15} \sim 10^{16}$Bq ^{131}I)。这种释放可能导致需要全面执行地方应急计划的防护措施,以限制严重的健康影响	1957年苏联克什特姆(现属俄罗斯)核事故
	7级	特大事故	大型核装置(如动力堆堆芯)的大部分放射性物质向外释放,典型的应包括长寿命和短寿命的放射性裂变产物的混合物(数量上,等效放射性超过10^{16}Bq ^{131}I)。这种释放可能有急性健康影响。在大范围地区(可能涉及一个以上国家)有慢性健康影响。有长期的环境后果	1986年苏联切尔诺贝利核电站(现属乌克兰)事故

1.5
辐射探测

辐射探测是获取射线的能谱、强度、位置等信息的重要手段,也是辐射防护的基础。

1.5.1　辐射探测的工作原理

辐射探测是基于辐射在介质(如气体、液体或固体)中引起的电离、激发或者其他类型的物理化学过程,将射线的能量转化为其他可测物理能(主要为电脉冲信号),再通过电子仪器测量和记录。辐射探测过程主要包括:

① 入射粒子进入探测器的灵敏体积内。

② 入射粒子与灵敏体积内的工作介质作用,并沉积能量引起介质原子的电离或激发。

③ 探测器将入射粒子在其介质中沉积的能量转化为电信号,通过输出回路输出。

1.5.2 辐射探测的基本方法

辐射探测器是利用射线与物质相互作用产生的物理效应进行辐射探测的仪器。依据探测介质类型及入射粒子在探测器灵敏体积中产生的带电粒子的不同,可以分为气体探测器(带电粒子为电子-正离子对)、闪烁探测器(倍增电子束)和半导体探测器(电子-空穴对)。按用途不同分为放射性活度测量仪器、放射性能量测量仪器、辐射防护用仪器、核医学诊断用仪器、探伤仪器和测厚仪器。以下分别简要介绍三种探测器的工作原理与主要类型。

(1)气体探测器

气体探测器的历史最为悠久,工作原理与其他探测器相比最为简单。工作介质为气体,利用射线在气体介质中产生的电离效应而得到输出电信号。探测时,辐射在气体介质中产生电子-正离子对,这些离子对在探测器的灵敏体积电场中运动并形成输出信号。研究表明,带电粒子在气体中产生一对离子对平均消耗的能量(即平均电离能)与气体的种类、辐射类型及辐射能量都未表现出明显的依赖关系,所以一定能量的带电离子所产生的离子对数与其能量成正比。这正是气体探测器探测入射粒子的基本依据。气体探测器的种类主要有电离室、正比计数器、G-M 计数管等。

(2)闪烁探测器

闪烁探测器是利用射线在闪烁体中产生的发光效应来探测电离辐射的,属于目前应用最为广泛的电离辐射探测器。闪烁探测器主要是由闪烁体、光电转换器以及相应的电子学系统三部分构成。目前主要的闪烁体介质包含的类型有无机闪烁体[如 NaI(Tl)、CsI(Tl) 等碱金属卤化物晶体,$CdWO_4$、ZnS(Ag)、BGO 等无机晶体及玻璃体]、有机闪烁体(如有机晶体、有机液体与塑料闪烁体)及气体闪烁体(如氩气、氙气等)。

(3)半导体探测器

半导体探测器的工作机制与气体探测器相似,是利用射线在半导体中产生电子-空穴对在外加电场的作用下形成漂移运动由输出回路将信号输出。常见的半导体探测器包括 PN 结半导体探测器、高纯锗 γ 探测器以及 PIN 结半导体探测器。

1.6
辐射环境监测

辐射环境监测是为获得环境中的放射性水平,通过测量环境中的辐射水平和环境介质中的放射性核素含量,并对测量结果进行解释的活动。广义的辐射环境监测包括电离和电磁辐射环境的监测,狭义的辐射环境监测就是电离辐射的监测,这里介绍的辐射环境监测指的是电离辐射环境监测。

1.6.1 辐射环境监测的对象

辐射环境监测是为了评判特定辐射源或伴有辐射活动对周围环境是否造成影响及影响程度而进行的监测,检验环境中的辐射和放射性水平是否符合国家和地方的有关规定,并监视环境辐射的长期变化趋势。

辐射环境监测具体的目的和意义：①监测和评价辐射环境中的放射性物质和辐射对人产生的照射水平及其长期趋势，针对发现的问题提出改进措施；②收集放射性物质和辐射进入环境的过程及其产生的环境辐射水平之间的相关性资料；③监测设施运行的异常释放和事故状态下产生的放射性物质含量和辐射水平，为评价事故后果和应急决策提供依据；④证明向环境释放的放射性物质和辐射符合国家和地方的相关规定；⑤向公众提供辐射环境信息，改善公众关系。

1.6.2 辐射环境监测的基本方法和仪器

国家辐射环境监测网络系统包括全国辐射环境质量监测、重点监管的核与辐射设施周围环境的监测、核与辐射事故应急监测。辐射环境监测包括连续测量和定期测量，除了环境 α、β 和 γ 辐射水平外，其他环境样品主要测量一些与核设施运行有关的关键核素，如 ^3H、^{14}C、^{90}Sr、^{137}Cs 等。监测内容主要包括空气、水、土壤、水生生物和陆生生物中的辐射水平和放射性物质的含量。表 1-6 给出了具体的辐射环境质量监测项目。

表 1-6 全国辐射环境质量监测方案

监测对象		监测项目	监测频次
环境 γ 辐射水平		空气吸收剂量率自动监测	连续
		累积剂量	累积样/季
空气	气溶胶	^{210}Pb、^{210}Po	1 次/月
		γ 能谱分析[①]	1 次/月或 1 次/季
		^{90}Sr、^{137}Cs（放化）	1 次/年（每月或每季度采集 1 次样品，累积 1 年样品测量）
	气碘	^{131}I	1 次/季
	沉降物	γ 能谱分析[①]	累积样/季
		^{90}Sr、^{137}Cs（放化）	1 次/年（每季度采集累积样，累积 1 年样品测量）
	降水	^3H	累积样/季
	水蒸气	^3H	1 次/年
水体	江河水、湖泊水、水库水	总 α、总 β、U、Th、^{226}Ra、^{90}Sr、^{137}Cs（放化）	2 次/年（枯、平水期各 1 次）
	饮用水水源地水	总 α、总 β、U、Th、^{226}Ra、^{90}Sr、^{137}Cs（放化）	1 次/半年
	地下水	总 α、总 β、U、Th、^{226}Ra	1 次/年
	海水	U、Th、^{226}Ra、^{90}Sr、^{137}Cs（放化）	1 次/年
	海洋生物	^{90}Sr、^{137}Cs（放化）	1 次/年
土壤		γ 能谱分析[①]	1 次/年
环境电磁辐射		综合电场强度	1 次/年

注：来源：2020 年全国辐射环境质量报告，中华人民共和国生态环境部。

① 气溶胶和沉降物 γ 能谱分析项目包括 ^7Be、^{40}K、^{131}I、^{134}Cs、^{137}Cs 等放射性核素。土壤 γ 能谱分析项目包括 ^{238}U、^{232}Th、^{226}Ra、^{137}Cs 等放射性核素。

1.7
放射性废物处理与处置

核能与核技术的开发利用在产生明显的经济效益和社会效益的同时，与其他人类活动一样也会产生废物，即放射性废物或核废物。放射性废物有别于其他废物之处在于，它的危害性不能通过物理（加压、加热、光照）、化学（化学反应）或者是生物（降解）的方法进行消除，仅能通过自身的衰变性或采用核反应嬗变技术使其转变成其他的核素以降低其放射性水平大小，最终以生成稳定核素满足无害化的目标。需要注意的是，放射性核素的衰变过程完全不受外界环境因素的影响，包括物理变化（温度和压力）、化学变化和生物变化。

1.7.1　放射性废物处理

放射性废物按照废物的物理、化学形态进行分类，可分为三类（表1-7）。

表1-7　放射性废物的分类

分类	例子	处理方法
气载放射性废物	含碘放射性尾气、溶解工艺尾气、通风排风等	吸附器吸附、吸收、干法/湿法除尘、衰变等
液体放射性废物	放射性废水、蒸残液、含氚废水、废有机溶剂、废机油、高放废液等	老三段、膜技术、固化等
固体放射性废物	可燃/不可燃废物、可压缩/不可压缩废物、废树脂、废过滤器等	去污、压实、焚烧、固化、固定等

对于气载放射性废物，处理方法包括衰变储存、吸附器吸附、溶液吸收、干法/湿法除尘等。对于放射性废液，根据法规要求，废液不允许无限制地长期储存，须及时进行净化处理，后经固化处理以提高其安全性。气载和液体放射性废物经净化后，满足流出物排放标准，分别排放到大气或受纳水体中。对于固体放射性废物，基于废物最小化原则要求中涉及的减容处理方法，相关的废物处理方法包括压实、焚烧、废金属熔炼、分拣、破碎切割、去污后作一般废物、固定等。

1.7.2　放射性废物处置

2018年1月1日，基于放射性废物安全管理与处置的需要，《放射性废物分类》新标准开始实施。在新的分类标准中，将放射性废物分成了极短寿命放射性废物、极低水平放射性废物、低水平放射性废物、中水平放射性废物和高水平放射性废物共计5类，其中极短寿命放射性废物和极低水平放射性废物均属于低水平放射性废物范畴，但是处置方式与一般的低水平放射性废物有所不同，详细情况见表1-8。它们各自有不同的处置方式以确保安全、有效、经济地管理核废物。

表 1-8　我国放射性废物的分类（新标准）

分类	特点	例子	处置方法
极短寿命废物	所含主要的放射性核素半衰期很短（$T_{1/2}<100d$），长寿命核素活度浓度位于解控水平以下	放射性同位素生产、核技术利用产生的废物	储存（几年）衰变后解控
极低水平废物	放射性核素活度浓度接近或略高于豁免/解控水平,长寿命核素活度浓度应当非常有限	核设施退役活动过程产生的污染土壤、建筑垃圾	地表填埋（有限的包容和隔离）
低水平废物	短寿命放射性核素活度浓度可以较高,长寿命核素含量有限（几百年时间的有效包容和隔离）	核电站正常运行产生的废树脂和蒸残液的固化体	近地表（深度一般为地表到地下 30m）
中水平废物	含有相当数量的长寿命核素（特别是发射 α 粒子的放射性核素）	乏燃料后处理设施运行和退役过程废物	中等深度（深度一般为地下几十到几百米）
高水平废物	所有放射性核素活度浓度很高,衰变过程中产生大量的热,或含有大量长寿命放射性核素	乏燃料后处理产生的高放废液及其固化体、乏燃料元件	深地质（深度一般为地下几百到几千米）

第2部分

辐射探测基础性实验

实验 2.1
辐射探测常用仪表的认识

2.1.1　实验目的

了解辐射探测常用仪表的基本原理、构造及操作方法。

2.1.2　实验原理

（1）探测器概况

核辐射按带电性质可分成三大类：带电核辐射（α、$e^{\pm}$、$\beta^{\pm}$、p、d、t、$\pi^{\pm}$、$\mu^{\pm}$ 及裂变碎片等）、电磁辐射（X、γ 射线）及中性射线（n、ν 及 π^{0} 等）。核辐射探测主要指记录核辐射粒子数目，鉴别粒子的种类，测定它的强度及确定核辐射的能量分布等。

带电粒子探测器是指基于带电粒子对探测介质的激发与电离效应的探测器，根据记录方法不同，可分为：

① 收集电离电荷的探测器（气体电离探测器与半导体探测器等）。

② 收集退激荧光的探测器（闪烁探测器与热释光探测器）。

③ 显示离子集团径迹的探测器（径迹探测器）。

切伦科夫探测器是基于切伦科夫效应，收集切伦科夫辐射的探测器。X、γ 射线皆为不带电的核辐射，因此它不能被核辐射探测器直接探测。X、γ 射线探测是基于 X、γ 射线与探测介质的光电效应、康普顿效应或电子对效应，探测其次级电子，从而实现对 X、γ 射线的探测。

核辐射探测器作为实验核物理的技术分支，对核物理的发展具有重要作用。法国物理学家贝可勒尔在 1896 年借助于径迹探测器——乳胶，首先发现了天然放射性现象。物理学家吴健雄借助于碘化钠、蒽晶体，用实验验证了著名的宇称不守恒定律。

20世纪40年代末闪烁探测器问世，60年代初半导体探测器兴起，随后又出现切伦科夫探测器、辐射热释光探测器和自给能探测器等多类核辐射探测器。核技术的广泛应用又大大加速与促进了核辐射探测器这一独立核技术新学科的发展。

（2）探测器组成

剂量探测仪器通常由探测器、测量部件、显示部件及电源等组成。它是通过探测器吸收核辐射能量所产生的各种效应，经测量部件加工处理而完成信息的度量，再由显示部件记录、显示。常用的探测器有空气（或充高压气体）电离室、卤素盖革-米勒计数管、闪烁探测器、半导体探测器、真空室二次电子探测器，以及荧光玻璃探测器、热释光探测器和胶片探测器等。测量部件通常包括各种放大器、甄别器、变换器和计数器等。显示部件有电表、发光二极管、荧光和液晶数字显示器件，以及声响、灯光显示器等。电源一般用干电池或蓄电池，并经直流变换获得要求的电压。

2.1.3　实验仪器和材料

BH3103B型便携式X-γ剂量率仪，高纯锗γ探测器，ORTEC八路α谱仪，放射性废物γ射线分层扫描仪，FJ-428G型多用辐射测量仪，BH3206型α、β表面污染仪，RAD7测氡仪，总α、总β的低本底测量仪，气溶胶α、β样品快速测量仪，低本底多道γ能谱仪。

（1）BH3103B型便携式X-γ剂量率仪

主要用于环境辐射X-γ空气吸收剂量率的测量，各种建筑材料的放射性监测，工业放射性辐射监测，X-γ辐射源工作场所的剂量监测，X光机周围的剂量监测。BH3103B型便携式X-γ剂量率仪如图2-1所示。

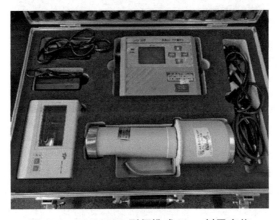

图 2-1　BH3103B 型便携式 X-γ 剂量率仪

（2）高纯锗γ探测器

高纯锗γ探测器是一种锗晶体制成的核辐射探测器，如图2-2所示。它可以在室温下保存，但工作时应处于液态氮温度。主要用于测量中高能带电粒子的核辐射，例如220MeV的α粒子、60MeV的质子、10MeV的电子和能量在300～600keV的低能γ射线。不过，探测γ射线探测效率不如NaI（Tl），但其有较高的能量分辨率，在分辨复杂的γ能谱的场合起到重要作用。

（3）ORTEC八路α谱仪

八个探测器可独立工作，探测范围0～10MeV可调。脉冲发生器幅度调节范围也为0～

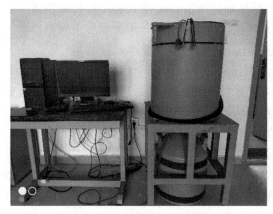

图 2-2　高纯锗 γ 探测器

10MeV。探测器偏压 0～±100V 可调。硬件控制、数据获取、探测器偏压、漏电流全都通过软件显示和控制。

主要技术指标：有效探测面积 600cm^2，能量分辨率 24keV@5.486MeV（^{241}Am），能量相应范围 3～10MeV。样品为粉末或溶液，样品量根据活度而定。ORTEC 八路 α 谱仪如图 2-3 所示。

图 2-3　ORTEC 八路 α 谱仪

（4）放射性废物 γ 射线分层扫描仪

放射性废物 γ 射线分层扫描仪设备集层析 γ 扫描（TGS）技术和无损分析软件（NDA 2000）等特点于一身，非常适合于安全保障和废物分析应用。该系统能精确地定量分析各种容器中钚、铀、裂变和活化产物，容器可为 20L 的提桶到 200L 的标准桶，桶的总活度可为 500nCi～100mCi。对含有超铀元素的废物桶，该系统能够分析含有 0.4～1000g 的 ^{235}U 或 ^{239}Pu 的废物桶。TGS 使用高纯锗 γ 探测器与低空间分辨率发射和传输成像技术，可以获得比非成像 γ 射线技术更高的精确度。容器被划分成一系列轴向的和径向的体积元素（voxel）。通过对每个单元体积使用几何修正等技术获得准确的活度。利用装备高分辨率 HPGe 探测器的扫描硬件来获取谱数据。通过朗伯-比尔定律，将每个单元体积发出的射线做衰减修正。放射性废物 γ 射线分层扫描仪如图 2-4 所示。

（5）FJ-428G 型多用辐射测量仪

FJ-428G 型多用辐射测量仪是一种携带方便的辐射防护仪表，具有灵敏度高、能量响应

图 2-4　放射性废物 γ 射线分层扫描仪

范围宽、用途广、重量轻、功耗低、稳定可靠、操作方便等优点，可配备四种探头。通过更换不同的探头（α、β、X、γ）可对上述四种射线强度进行测量或剂量监测，具有测量计数和剂量率等功能。FJ-428G 型多用辐射测量仪如图 2-5 所示。

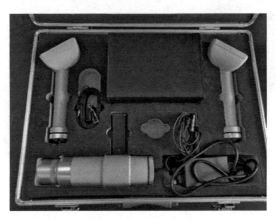

图 2-5　FJ-428G 型多用辐射测量仪

（6）BH3206 型 α、β 表面污染仪

主要用于环境辐射、核电站、同位素生产、医院、反应堆场所的地面/板、衣物、工作台等表面的 α、β 放射性污染的测量。该仪器由探测器、操作台和打印机三部分组成。探测器的探头灵敏面积大，探测效率高，本底低，稳定性好。数据采集、管理和处理均由单片机完成。BH3206 型 α、β 表面污染仪如图 2-6 所示。

（7）RAD7 测氡仪

可以同时测空气、土壤、水中的氡。频谱曲线形式显示所测的氡及钍。内置平面硅检测器，对振动和噪声不敏感，背景读数低。微电脑指示操作步骤，可将习惯的操作方式编程存储。配备无线红外打印机，可将数据传输至计算机显示并打印出连续的检测数据及频谱图。RAD7 测氡仪如图 2-7 所示。

（8）总 α、总 β 的低本底测量仪

可同时测量两个样品。它的测量系统采用新型 ST-1221 型低本底 α、β 闪烁体和低噪声 CR120 型光电倍增管组成主探测器，由一块 200mm×30mm 的 ST-401 型塑料闪烁体和 CR119 型光电倍增管作为反符合探测器。

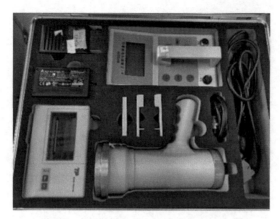

图 2-6 BH3206 型 α、β 表面污染仪

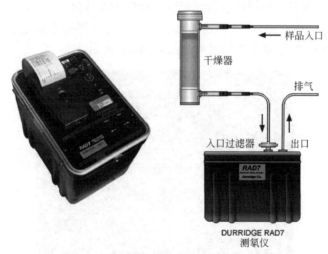

图 2-7 RAD7 测氡仪

主要技术指标：对于 ^{90}Sr-^{90}Y β 源的 2π 效率比 $\geqslant$60％时，本底 $\leqslant$0.07cm^{-2}·min^{-1}。对于 ^{239}Pu α 源的 2π 效率比 $\geqslant$80％时，本底 $\leqslant$0.0017cm^{-2}·min^{-1}。仪器对于总 α 的灵敏度为 5～20mBq/L，对于总 β 的灵敏度为 10～40mBq/L。总 α、总 β 的低本底测量仪如图 2-8 所示。

（9）气溶胶 α、β 样品快速测量仪

探测器采用 ST1221 双闪晶体和光电倍增管组成的闪烁探测器，在核燃料生产、加工、后处理厂采用衰变法或直测法测量和在可能产生人工气溶胶粒子的场所用假符合法或衰变法测量气溶胶样品的人工 α、β 气溶胶粒子的总活度。

主要技术指标如下。相对固有误差：$\leqslant$±10％。测量范围：最大计数率 100000 个/s。探测效率：^{90}Sr-^{90}Y β 源（活性区 ϕ20mm）的 2π 效率比 $\geqslant$50％。^{239}Pu α 源（活性区 ϕ25mm）的 2π 效率比 $\geqslant$80％。进入 β 道的计数比 $\leqslant$3％（对于 ^{239}Pu），进入 α 道的计数比 $\leqslant$0.5％（对于 ^{90}Sr-^{90}Y）。气溶胶 α、β 样品快速测量仪如图 2-9 所示。

（10）低本底多道 γ 能谱仪

主要用于低水平环境样品的 γ 能谱测量，该谱仪特别适用于建筑主体材料及装修材料中 ^{226}Ra、^{232}Th、^{40}K 的放射性比活度测量，测量结果给出样品中 ^{226}Ra、^{232}Th、^{40}K 的放射性比

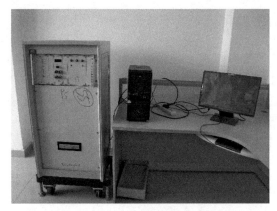

图 2-8　总 α、总 β 的低本底测量仪

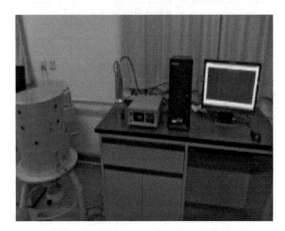

图 2-9　气溶胶 α、β 样品快速测量仪

活度（Bq/kg）并可直接打印检验报告。当样品中 ^{226}Ra、^{232}Th、^{40}K 的放射性比活度大于 37Bq/kg 时，分析误差不大于 20%。

主要技术指标如下。①能量分辨率：对于 ^{137}Cs，进口低钾探头≤7.5%，国产低钾探头 ≤9%；②系统能量线性：≤±1%（60keV～2.0MeV）；③系统稳定性：≤±1%（8h）；④ADC 数据存储道数：512/1024/2048/4096 道。低本底多道 γ 能谱仪如图 2-10 所示。

图 2-10　低本底多道 γ 能谱仪

2.1.4　实验方法和步骤

学习掌握 BH3103B 型便携式 X-γ 剂量率仪，高纯锗 γ 探测器，ORTEC 八路 α 谱仪，放射性废物 γ 射线分层扫描仪，FJ-428G 型多用辐射测量仪，BH3206 型 α、β 表面污染仪，RAD7 测氡仪，总 α、总 β 的低本底测量仪，气溶胶 α、β 样品快速测量仪，低本底多道 γ 能谱仪的基本原理构造及操作方法。

2.1.5　实验结果

将探测器基本原理构造及操作方法记录在表 2-1 中。

表 2-1　探测器基本原理构造及操作方法

探测器种类	基本原理构造	操作方法
BH3103B 型便携式 X-γ 剂量率仪		
高纯锗 γ 探测器		
ORTEC 八路 α 谱仪		
放射性废物 γ 射线分层扫描仪		
FJ-428G 型多用辐射测量仪		
BH3206 型 α、β 表面污染仪		
RAD7 测氡仪		
总 α、总 β 的低本底测量仪		
气溶胶 α、β 样品快速测量仪		
低本底多道 γ 能谱仪		

2.1.6　实验要求

熟悉核辐射物理及探测学、辐射剂量学等相关章节的重要知识点。

2.1.7　实验注意事项

① 闪烁探测器必须在严格避光的条件下加高电压工作，一般使用避光的金属外壳，它同时能起电屏蔽作用。切记任何闪烁探测器在严重漏光的条件下，加上高压电源必将导致光电倍增管的损坏。

② 一般情况下，闪烁体与光电倍增管光阴极之间采用光学耦合剂。光学耦合剂的使用导致闪烁光在闪烁体出射窗与光电倍增管光阴极界面的损失减少。高温环境中使用的闪烁探测器及喷涂 ZnS(Ag) 的闪烁探测器可不使用光学耦合剂。探测器外壳应良好接地，以防止外界电磁干扰。在有磁场的地方，闪烁探测器必须采用磁屏蔽。屏蔽范围要超出光电倍增管光阴极界面，磁屏蔽应与光阴极同电位。

③ 闪烁探测器可使用正高压或副高压。使用副高压时，光阴极与外壳之间必须绝缘。闪烁探测器的输出可以是负脉冲信号（从阳极输出），也可是正脉冲信号（从倍增极输出）。探测 α 粒子、β 粒子与低能 γ 射线（含 X 射线）的闪烁探测器皆为薄窗结构，应注意保护入

射窗。

④ 闪烁探测器正式使用之前，应避光存放 20min 以上，以减小余辉对测量结果的影响，正式使用之前，探测器应加电压预热不少于 20min，使光电倍增管达到稳定工作状态。

2.1.8　思考题

如何根据被测辐射的种类和特性来选择相应探测器？

实验 2.2
多丝正比室性能测试实验

2.2.1　实验目的

（1）掌握多丝正比室的结构及工作原理。
（2）掌握多丝正比室气体系统、高压系统以及读出电子学系统的构成及操作方法。
（3）掌握多丝正比室的位置分辨率的意义及测试方法。

2.2.2　实验原理

多丝正比室是在正比计数管的基础上发展而来的。正比计数管是一种工作在正比区的气体探测器，一般情况下正比计数管是由一根极细的丝和一根细管组成的，细丝位于管的中央区域。在通入气体和连接高压的条件下，入射粒子会在管中发生电离产生电子，产生的电子会进一步引起碰撞电离，呈现出级联倍增的过程，这个过程也被称为电子雪崩，随着电子的移动，阴极就会出现感应电荷，通过这个办法将粒子信号转化为电信号。

随着现代科技的发展以及粒子物理实验的要求，需要记录粒子的空间位置并做到大面积覆盖，正比计数管已达不到实验的需求。在此基础上发展起来了多丝正比室，其发明者波兰籍法国物理学家夏帕克于 1992 年获得诺贝尔物理学奖。多丝正比室由两块互相平行的阴极板和很多阳极丝组成，阳极丝位于两块阴极板中间区域。多丝正比室的探测原理与正比计数管类似，在两个电极板之间加入高压，室中充入氩气或其他混合气体，在入射粒子穿过多丝正比室时，粒子路径上的气体原子电离，电离产生的电子会在最近的阳极丝附近发生电子雪崩，由此得到测量信号。

由于多丝正比室可以简单看作是由很多正比计数管组成的，所以其最基本的读出方法便是把每根丝都看作一个探测器，分别进行信号读出，但是在大面积覆盖测量的情况下，每根丝独立读出信号所需要的通道太多，电子学系统太过冗杂，这种方法也就不再被采用。二维读出多丝正比室的结构是由一个阳极平面、两个读出平面和两个阴极平面构成，其中两个读出平面的读出丝分别与阳极丝平行和垂直以实现二维读出的目的。通过测量阳极丝或阴极丝上感应电荷的位置来确定入射粒子的位置，在阳极丝上读出感应电荷位置的方法叫电荷分配法，在阴极丝上读出的方法有两种：重心法和延迟线法。

延迟线法与其他方法不同的地方是它通过测量信号脉冲的传播时间差来确定粒子位置。在阳极丝上下两侧会有两组相互垂直的阴极读出条，将阴极读出条分别连接到对应层的延迟线上，感应信号就会沿着延迟线向两端传输。信号在延迟线上的传输速度是确定的，因此信号到达两端的时间与位置是一一对应的，可根据延迟线两端的时间差推算出粒子的位置。延迟线法原理如图 2-11 所示。

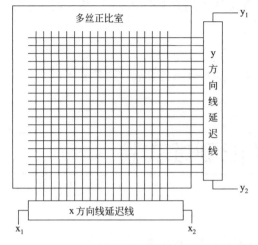

图 2-11　延迟线法原理示意图

　　本实验对基于延迟线及数字化仪的二维读出多丝正比室的输出脉冲幅度谱、位置分辨率等进行测量，具体测试系统如图 2-12 所示。探测器的阳极丝信号、x/y 方向延迟块信号经电荷灵敏前置放大器后输入多通道数字化仪。数字化仪可以对前置放大器输出信号进行数字化，提取其幅度和时间信息，由此可以得到阳极平面的脉冲幅度谱和 x/y 读出平面的延迟时间差。进一步可以得到系统的能量分辨率和射线的位置坐标。

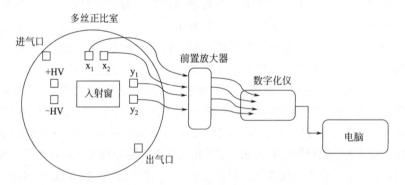

图 2-12　基于延迟线读出的多丝正比室测试系统构成图

2.2.3　实验内容

（1）完成多丝正比室气体系统、高压系统、读出电子学系统的连接和调试。
（2）利用多丝正比室测量放射源的脉冲幅度谱。
（3）测量多丝正比室的位置分辨特性。

2.2.4　实验仪器和材料

　　多丝正比室、标准源^{241}Am。

2.2.5 实验方法和步骤

（1）连接气流系统

按图 2-13 顺序连接 Ar/CO_2 钢瓶、减压阀、流量计、探测器、气泡机，通过减压阀及流量计控制进入探测器气体流量为 20mL/min，气压 1atm（1atm＝101325Pa）。

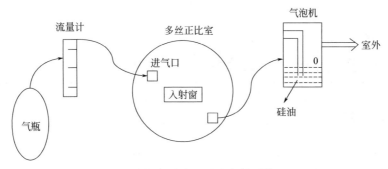

图 2-13 多丝正比室气流系统

（2）连接高压

将阳极高压和阴极高压电缆分别连接在高压电源正极和负极输出端。

（3）连接读出电子学系统

将探测器 x_1、x_2、y_1、y_2 四个读出端信号以及阳极平面信号分别连接到对应的前置放大器上，前置放大器输出信号连接到多通道数字化器。

（4）高压加载

首先打开高压及读出电子学系统设备电源。缓慢调节高压，给阳极平面和阴极平面分别施加＋1600V 和－1200V 的工作电压，高压加载或下降速率不超过 20V/s。

（5）脉冲幅度谱测量

将放射源放置在探测器入射窗，通过数字化仪记录阳极丝输出信号的脉冲幅度谱。

（6）位置分辨率测量

将放射源放置在探测器入射窗上的准直缝上，通过数字化仪记录 x 方向两路读出信号的时间差和 y 方向两路读出信号的时间差。结合延迟线的单元延迟时间得到放射源经准直缝后的位置分布宽度，由此得到探测器的位置分辨率。

2.2.6 实验结果

请自行设计表格并将实验结果填入表格中。

2.2.7 实验要求

（1）实验指导老师对多丝正比室的组成、结构、工作原理及功能做简单的介绍，并演示测试实验过程。

（2）按组分别进行能量分辨率、位置分辨率的实验。

2.2.8 实验注意事项

（1）放射源具有一定的辐射损害，实验过程中实验人员不要长时间靠近废物桶。

（2）为确保放射源安全，实验过程中，实验人员有责任对放射源进行监管。

2.2.9 思考题

（1）工作气体应当具备什么样的特性？
（2）思考多丝正比室探测效率的影响因素。

实验 2.3
核衰变与放射性计数的统计规律

2.3.1 实验目的

（1）掌握并验证原子核衰变及放射性计数的统计规律。
（2）了解统计误差的意义，掌握计算统计误差的方法。
（3）使学生学会正确表示放射性计数的测量结果。

2.3.2 实验原理

放射性计数的统计性是放射性原子核衰变本身固有的特性。当放射源的半衰期足够长时（即在实验测量时间内可以认为其强度基本上不变的情况下），在做重复的放射性测量中，即使保持完全相同的实验条件（如计数管的工作电压、放射源与计数管的相对位置等）和足够的测量精度，每次的测量结果也不会完全相同，而是围绕其平均值上下涨落，有时甚至有很大的差别，这种现象称为放射性计数的统计性。放射性原子核的衰变统计分布可以根据数理统计分布的理论来推导，在一定测量时间内放射性原子核的衰变数及辐射探测器的计数遵从泊松分布。本次实验的目的是验证放射性计数的统计规律，具体内容包括放射性衰变计数的理论回顾、辐射测量仪器的使用方法、放射性衰变计数的测量、数据的误差及表示方法等。

实验室同位素放射源发射出来的 γ 射线，其分布近似认为在 4π 方向是各向同性的，其强度近似服从平方反比规律。本实验还将对 γ 射线在空气中的强度随距离的变化进行实验测量。分析点源 γ 射线强度随空间距离的变化。

2.3.3 实验内容

（1）核衰变的统计规律

利用 γ 射线计数器对同位素 γ 源发射出来的 γ 射线计数以及本底计数进行多次测量，分析计数的统计规律。计算出该测量条件下射线的净计数率及标准偏差。

（2）点源 γ 射线在空气中的强度随距离的变化规律

探测器到放射源的距离分别取 30cm、60cm、90cm、120cm 情况下，分别测量 γ 射线的计数率，得到计数率随距离的变化曲线。

2.3.4 实验仪器和材料

BH3103B 型便携式 X-γ 剂量率仪（图 2-1）、铅准直器、^{60}Co 或 ^{137}Cs 放射源。

2.3.5　实验方法和步骤

（1）调整 γ 射线计数器，使其工作模式为显示计数率。

（2）实验测量。

① 保持探测器到源的距离为 30cm，对某放射源进行重复测量，画出放射性计数的频率直方图并与高斯分布曲线做比较。重复进行至少 100 次以上的独立测量。

② 在相同条件下对本底进行重复测量，画出本底计数的频率分布图，并与泊松分布做比较。重复进行 100 次以上的独立测量。

③ 对所测两组数据，分别计算平均值（N）与标准偏差（两组数据计算出源发出的射线在该位置的净计数率）。

④ 将探测器到源的距离分别改为 60cm、90cm、120cm，重复上述步骤①和步骤③，分别得到不同位置的源的净计数率。

2.3.6　实验结果

实验报告要包括实验目的及要求、实验内容、实验步骤、实验结果与分析。给出以下结果：

（1）不同位置放射性计数直方图。

（2）γ 射线计数随距离的变化曲线。

2.3.7　实验要求

（1）实验指导老师介绍并演示测试实验过程。

（2）按组分别进行实验。

2.3.8　实验注意事项

（1）放射源具有一定的辐射损害，实验过程中实验人员不要长时间靠近。

（2）为确保放射源安全，实验过程中，实验人员应对放射源进行监管。

2.3.9　思考题

思考放射性计数的测量结果存在统计涨落的原因。

2.4
γ 射线在物质中的吸收实验

2.4.1　实验目的

（1）学习半导体高纯锗 γ 探测器的设置和使用方法。

（2）学会手工和电脑绘制物质厚度-计数率的关系曲线。

（3）掌握物质吸收系数的测量和计算方法。

（4）比较不同吸收物质间吸收曲线的差异。

2.4.2 实验原理

（1）γ射线的吸收

当γ射线穿过物质时，γ射线与物质相互作用的主要三种形式为：光电效应、康普顿效应和电子对效应。这三种主要作用形式发生的概率（反应截面）与光子能量、吸收物质的原子序数如图 2-14 所示。一般来说，低能量的光子与物质作用的主要形式是光电效应。中等能量的光子与物质作用的主要形式是康普顿效应。高能量的光子与物质作用的主要形式是电子对效应。

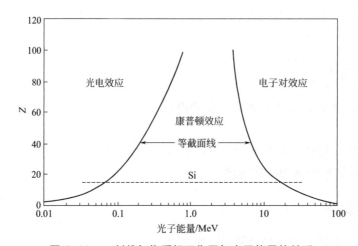

图 2-14　γ射线与物质相互作用与光子能量的关系

（2）窄束

当γ射线穿过一定厚度的物质时，有些与物质发生了相互作用，有些则没有。如果光子与物质发生光电效应或电子对效应，则光子完全被物质吸收。如果发生康普顿效应，则光子被散射，部分能量被吸收，散射光子亦可能穿过物质层。因此，穿过物质的γ光子通常由两部分组成：一部分是没有发生相互作用的光子，其能量和方向均无变化；另一部分是发生过一次或多次康普顿效应的散射光子，其能量和方向皆发生了变化。

若在γ射线束中不包含散射成分，则该射线束称为窄束。换言之，窄束γ光子是由未经相互作用或称为未经碰撞的光子所组成。在实际的工作中，通常是通过如图 2-15 所示的实验装置得到窄射线束。首先，射线源经过准直装置进行准直，放射出一束窄而平行的射线。其次，探测器周围用屏蔽物质遮挡，以免周围散射射线被记录，而且吸收屏比较薄。再次，对探测器准直，从而得到窄射线束。

（3）γ射线在物质中的衰减规律

在单能窄束γ射线穿过物质时，因γ射线与物质将会发生光电效应、康普顿效应和电子对效应，强度将逐渐衰减，强度的衰减服从指数衰减规律如式(2-1)。

$$I = I_0 e^{-\mu d} \tag{2-1}$$

式中　I——γ射线穿过物质后的强度；

$\quad\quad I_0$——γ射线穿过物质前的强度；

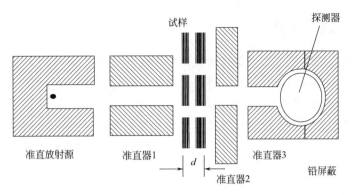

图 2-15 窄束 γ 射线实验装置

μ——物质的线吸收系数；

d——物质的厚度。

在相同的实验条件下，某一时刻的计数率总是与该时刻 γ 射线的强度成正比，因此式 (2-1) 中的强度与物质厚度的关系可以用计数率 n（仪器读数）与物质厚度的关系来代替，因此，式 (2-1) 亦可写为式 (2-2)。

$$n = n_0 e^{-\mu d} \qquad (2-2)$$

式中　n——γ 射线穿过物质后的仪器测量的计数率；

n_0——γ 射线穿过物质前的仪器测量的计数率。

式 (2-2) 表示 γ 射线遵循典型的指数衰减规律。在线性坐标系中是一条光滑的逐渐减弱的指数曲线。若对式 (2-2) 两端取对数，则得到式 (2-3)。

$$\ln n = \ln n_0 - \mu d \qquad (2-3)$$

从而可得物质吸收系数，如式 (2-4)。

$$\mu = \frac{1}{d} \ln \frac{n_0}{n} \qquad (2-4)$$

式 (2-4) 显示，若在半对数坐标纸上，吸收曲线将是一条直线，直线的斜率的绝对值即为 μ。

物质对 γ 射线的吸收能力也经常用半吸收厚度 $d_{1/2}$ 表示。所谓半吸收量 $d_{1/2}$ 就是使入射的 γ 射线强度减弱到一半时吸收物质的厚度，记作式 (2-5)。

$$d_{1/2} = \frac{\ln 2}{\mu} = \frac{0.693}{\mu} \qquad (2-5)$$

2.4.3　实验内容

（1）利用探测器探测有无屏蔽体时的计数率。

（2）绘制物质厚度-计数的关系曲线，比较不同吸收物质间吸收曲线的差异。

2.4.4　实验仪器和材料

半导体高纯锗 γ 探测器（图 2-2）、准直的 ^{137}Cs 放射源、不同厚度的铝片、有机玻璃片、铅片、铁片、千分尺。

2.4.5 实验方法和步骤

（1）熟悉所使用的设备，按设备连接框图连接好各个部分。

（2）固定放射源和探测器的位置，测量无吸收屏时的计数率 n_0。

（3）利用千分尺测量各吸收屏片的厚度，并标记在吸收屏片上。

（4）先用一片铝片为吸收片，记录其厚度，并在此厚度下测量计数率 3 次，求出平均值 $n_{平均}$。依次累加吸收屏片，记录其厚度，并在累加的厚度下测量计数率 3 次，求出平均值 $n_{平均}$。由此作出一条 $d\text{-}n_{平均}$ 曲线。

（5）按照步骤（4），继续测量玻璃片，并相应地作出一条 $d\text{-}n_{平均}$ 曲线。

（6）实验操作完毕后，检查数据完整无误后，整理好个人实验桌上的设备，经教师同意后，离开实验室。

2.4.6 实验结果

数据处理主要有两种方法。

（1）手工法

① 手工在半对数坐标纸上绘出各种物质的吸收曲线（$d\text{-}n$ 关系曲线）。

② 测量该曲线的斜率，该斜率就是所要求的 μ。

③ 比较不同物质的吸收系数，对其差别做出说明（为了便于比较，表 2-2 列出了多种吸收片的等效原子序数和密度）。

表 2-2   多种吸收片的等效原子序数和密度

项目	聚氯乙烯	大理石	木片	玻璃片	铁皮
等效原子序数	13.9	15.1	7.0	10.6	26
密度/(g/cm³)	1.2～1.4	2.6	0.5～0.6	2.4～2.6	7.1～7.9

（2）电脑绘制法

① 打开 Excel，输入铝片的吸收厚度及各点 3 次记录的计数率。再利用 Excel 里面的公式编辑器，计算出各点计数率的平均值 n。利用 Excel 里面的画图软件，绘制出点线图 $d\text{-}n$。

② 在 Excel 里，利用指数函数对 $d\text{-}n$ 点线图进行拟合，并选中显示公式和 R^2 值。由拟合出的指数函数，直接读出各吸收物质的吸收系数。

2.4.7 实验要求

（1）比较不同物质的线性吸收系数。对其差别做出说明，分析原因。

（2）分析实验误差，对实验改进提出建议。

2.4.8 实验注意事项

（1）注意辐射防护，禁止让准直器的小孔对着人体尤其是眼睛。

（2）离开实验室前，注意洗手。

（3）实验注意操作精确性。

2.4.9 思考题

思考半导体探测器相较于其他类型探测器的优缺点。

2.4.10 补充知识

^{137}Cs 放射源衰变纲图如图 2-16 所示。

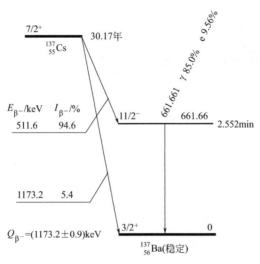

图 2-16 ^{137}Cs 放射源衰变纲图

实验 2.5
利用高纯锗能谱仪探测样品的特征 γ 谱线

2.5.1 实验目的

（1）熟悉半导体 γ 谱仪及相应数据采集软件的一般操作使用方法。
（2）分析天然放射性核素镭、钍、钾的特征 γ 射线谱。
（3）了解能量刻度方法。
（4）理解低本底相对法 γ 谱定量分析原理。

2.5.2 实验原理

半导体探测器是以半导体材料为探测介质的辐射探测器。最通用的半导体材料是锗和硅，其基本原理与气体电离室相类似，故又称固体电离室。半导体探测器有两个电极，加有一定的偏压。当入射粒子进入半导体探测器的灵敏区时，即产生电子-空穴对。在两极加上电压后，电荷载流子就向两极做漂移运动，收集电极上会感应出电荷，从而在外电路形成信号脉冲。但在半导体探测器中，入射粒子产生一个电子-空穴对所需消耗的平均能量为气体电离室产生一个离子对所需消耗的 1/10 左右，因此半导体探测器比闪烁计数器和气体电离探测器的能量分辨率好得多。通常使用的半导体探测器主要有结型、面垒型、锂漂移型和高纯锗等几种类型。金硅面垒型探测器 1958 年首次出现，锂漂移型探测器 20 世纪 60 年代初研制成功，同轴型高纯锗（HPGe）探测器和高阻硅探测器等主要用于能量测量和时间的探测器陆续投入使用，半导体探测器得到迅速的发展和广泛应用。

高纯锗 γ 能谱仪组成：探测器（HPGe）探头（晶体＋前置放大器＋低温装置），多道脉冲幅度分析器（MCA），计算机（谱解析软件及定量分析软件）等。其示意图如图 2-17 所示。

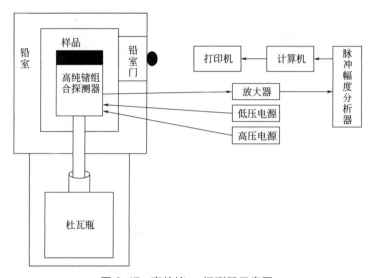

图 2-17　高纯锗 γ 探测器示意图

（1）探测器结构

高纯锗 γ 能谱仪探测器分为 N 型和 P 型。所有高纯锗 γ 探测器本质上就是一个大的反转二极管。为了放大信号，需要连接二极管和进行信号处理的电子学线路，在晶体上做出两个接触极。晶体上的电接触具有两极：较厚的锂扩散极，即 N＋接触极（几百微米）。较薄的离子注入极，即 P＋极（几百纳米）。锂接触极较厚，因为此极是金属锂扩散到晶体中所形成的，厚度可控制在几百微米的量级，晶体能够被切割成任意形状。然而，晶体（二极管）内部的电场分布很重要，这点使得具有实用价值的晶体形状被限制成带有中心圆孔的圆盘状或圆柱体状。圆柱体探测器的一端是封闭的，又称同轴探测器。而圆盘状的探测器一般称为平面探测器。

根据所用材料类型的不同（N 型或者 P 型），接触极是不同的。对于 P 型探测器，较厚的锂扩散极在探测器的外表面，而薄的离子注入极在内表面。对于 N 型探测器，接触极和 P 型恰好相反。N 型同轴探测器外壳为铍，有两个优点：①耐中子损伤能力强，通常比同样体积的 P 型同轴探测器要强 20 倍；②有较薄的入射窗，可探测的能量范围为 0.02～10MeV，因此，它被称为 GAMMA-X 探测器。但是它价格较高，容易损坏。P 型探测器外壳通常是不锈钢的，吸收低能 γ 射线，对于低能区的分辨率不高，但是价格相比 N 型要便宜。

（2）探测器工作原理

探测的射线进入灵敏区，产生电离，生成大量的电子-空穴对，在外加电场作用下，电子和空穴分别迅速向正负两极漂移、被收集，在输出电路中形成脉冲电信号。然后通过谱仪放大器将该脉冲成形并线性放大，再送入模数变换器中，将输入信号根据其脉冲幅度转变成一组数字信号，并将该数字信号送入多道计算机数据获取系统，由相关软件形成谱图并进行分析。半导体探测器中的电子-空穴对称为探测器的信息载流子。

（3）多道脉冲幅度分析器（MCA）

多道脉冲幅度分析器是测量脉冲信号幅度分布的仪器。它把脉冲信号按幅度的大小进行分类并记录每类信号的数目。主要由模数转换（ADC）、地址编码器和存储器构成。探测器将不同能量的γ射线换成幅度与能量成正比的脉冲信号，输入到 ADC，转化成数字表示，进入编有地址的存储器中，每个地址存储器为一道，设有一个计数器。每存一次使该道读数加 1，共计 16384 道，两道作为一道输出，合计输出 8192 道。

2.5.3 实验内容

（1）学习用^{152}Eu（或^{40}K）放射源进行探头能量刻度的方法（演示）。

（2）采集并观测^{226}Ra 的γ射线谱，认识镭组γ射线谱的主要成分，学习γ谱定性分析原理。

（3）采集并观测不同产地大理石、花岗岩等岩石的γ射线谱，明确不同产地的岩石的放射性差异。

（4）采集混合体标准源谱线，了解γ谱定量分析原理（选做）。

2.5.4 实验仪器和材料

高纯锗γ探测器（图 2-2），标准源镭、钍、钾。

2.5.5 实验方法和步骤

（1）开机并稳定半小时以上。

（2）启动谱获取和分析（Gamma Acquisition ＆ Analysis）程序。

（3）点击 File Open 工具靶，选择 Detector（探测器）→DET01→open，加载探测器完成。

（4）在 GAA 界面 MCA 下拉菜单中的 Adjust，实施 DSA2000 的控制。点击 MCA→adjust→hvps→输入高压值（Voltage 设定额定电压为 3500V），选择 On。在 DSA1000 中观察加压是否加载完成。电压的取值范围为 0～5000V。该过程需要等待 2～5min。

（5）选择 MCA 中的 Acquire Setup，预置测量时间（Time Preset）和时间单位。默认为 1000s。

（6）打开铅室门，将样品（连同样品袋）一起放在样品架中，关闭铅室门。准备测试。

（7）样品测试：点击"clear"（清除之前测试γ的谱），点击"start"，开始测试。测试时间结束后，点击"stop"，停止测试。

（8）谱线分析：将界面调整至分析报告和图谱在一个窗口中，在 GAA 界面 Analysis 下拉菜单中的 Execute Sequence（执行序列）选择 fenxi（已编译好的分析子程序），得到分析报告。

（9）保存分析报告和图谱：点击 file→save report to PDF（保存并分析报告），点击 file→save to PDF（保存全部谱图），点击 file→save report to PDF（保存部分图谱）保存部分图谱时，选择道址范围（一般根据具体图谱，选择有核素的位置保存），点击"print"，选择 PDF，点击"OK"完成。

（10）测试完成后，先关掉高压，再关闭图谱分析软件和电脑。

2.5.6　实验结果

根据实验内容撰写实验报告，包括：

（1）说明采集到的 ^{226}Ra 的 γ 射线谱包含的主要成分，进行 γ 谱定性分析。

（2）分析不同产地大理石、花岗岩等岩石的 γ 射线谱，明确不同产地的岩石的放射性差异。

2.5.7　实验要求

（1）熟悉核辐射物理及探测学、辐射剂量学等相关章节。

（2）熟悉相关的重要知识点。

（3）实验完成后注意打扫实验室卫生。

2.5.8　实验注意事项

（1）高纯锗 γ 谱仪安装完初次启动或断电关机后再次启动，必须先启动电制冷并连续运行 12h 以上，确保探头得到了充分的冷却，才能进行升高压操作。

（2）测试完成后，应先关闭高压，再关闭谱仪分析软件和电脑。

（3）如遇仪器突然断电，建议尽快关闭谱仪和电制冷，让电制冷静置 24～36h，使探头完全恢复常温后，才能重新启动电制冷。

（4）图像采集和数据分析都需要先插入加密狗才能运行，在导入探测器之前先加载加密狗。

2.5.9　思考题

如果某一个核素放出几种不同能量的 γ 射线，γ 谱分析时用一种能量还是用几种能量？

2.5.10　补充知识

杜瓦瓶（Dewar flask）也叫保温瓶，是储藏液态气体、低温研究和晶体元件保护的一种较理想容器和工具。现代的杜瓦瓶是苏格兰物理学家和化学家詹姆斯·杜瓦爵士发明的。

实验 2.6
α 射线能谱测量及核素识别

2.6.1　实验目的

（1）利用 α 谱仪测量与识别放射性核素。

（2）掌握 α 谱仪测量原理。

（3）理解 α 能谱形成机理、α 源核素识别的方法。

2.6.2　实验原理

α粒子与物质的相互作用方式主要有两种：电离和激发。入射α粒子与介质原子相互作用，将部分能量传递给外层电子，如果外层电子获得足够能量脱离了原子核的束缚成为自由电子，此时原子失去电子带正电，形成电子-离子对，这个过程就称为电离。如果电子获得的能量不足以脱离原子核的束缚，而是使之从基态变成激发态，这个过程就称为激发，激发往往伴随有荧光的产生。

α粒子还有一定的概率与原子核相互作用发生卢瑟福散射和核反应。一方面，当α粒子与原子核库仑场发生作用而改变原来的方向，就称为卢瑟福散射。另一方面，α粒子有一定的概率进入原子核，从而使原子核发生根本性的变化，产生一种新核，就称为核反应，通常为（α，n）反应。

α粒子与探测器介质发生相互作用，介质吸收α粒子的能量转换成可测量的物理量，如电荷、电流或电压。通过施加足够强的电场将相反的电荷载流子（电子-空穴对）分开，将它们收集在电容器的电极上，并将其转换为电脉冲。介质对α粒子能量的吸收而产生的自由电荷载流子的数量与吸收的能量成正比，这使得电压脉冲的高度（H）与收集的电荷和吸收的能量成正比，同时脉冲频率或计数率与α源的活度成正比。电压信号经前置放大器、主放大器放大后，通过多道分析器进行数据采集，最后通过计算机采集并显示其能谱。

2.6.3　实验内容

（1）利用 ALPHA-ENSEMBLE 谱仪对混合α源进行测量。

（2）获取α能谱，进行能量刻度，识别α核素。

2.6.4　实验仪器和材料

^{241}Am、^{239}Pu 混合α放射源，ORTEC 八路α谱仪（图 2-3）。

2.6.5　实验方法和步骤

（1）按要求打开 ALPHA-ENSEMBLE 谱仪、主机和真空泵。

（2）打开测量腔室，检查腔室是否干净。

（3）按要求放入α面源，面源垂直正对探头。

（4）关闭测量腔室。

（5）打开 MAESTRO-32 软件。

（6）MCB 属性设置。

① ADC　此项包含道数设置，上下阈值调节。最下方还可观察实时间、活时间和输入计数率。设置界面如图 2-18 所示。

② 高压　图 2-19 为高压选项，可以设置 0～±100V 偏压。点击"on"或"off"打开或关闭，同时还能监控实际电压和漏电流。本实验设置高压为 70V。

③ Alpha（抽真空）　Alpha 选项如图 2-20 所示，包含测量室压力控制、数字偏移和脉冲发生器。Digital offset 和 Display chans 用来控制起始道的能量和谱能量范围。通常低能

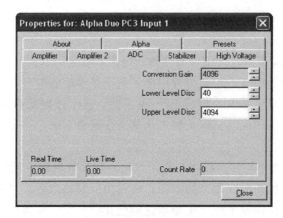

图 2-18　ADC 选项

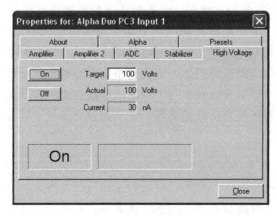

图 2-19　高压选项

部分没有有用的数据，可以使用 Digital offset 去掉这片区域。本实验设置真空为 3000 mTorr（1Torr＝133.322Pa）。

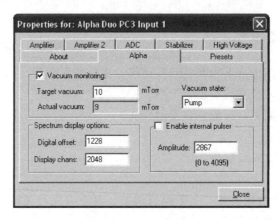

图 2-20　Alpha 选项

④ 预置（测量时间）　图 2-21 为预置选项，只能在探测器未采集数据时设置。可以预置一个或多个选项，只要有一个条件满足，测量就会停止。本实验设置测量时间（Live Time）为 300s。

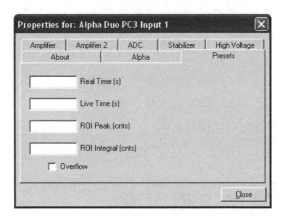

图 2-21　预置

（7）能量刻度，识别核素

① 点击 Calculate-Calibration。

② 点击 Destroy Calibration 清除刻度，然后输入当前峰的能量值，点击"OK"。

③ 选择另一个能量峰，输入能量。由于 alpha 谱仪的能量线性不过原点，所以必须通过至少两点刻度才可准确定性。

④ 刻度单位默认为 keV，点击"OK"，完成能量刻度。

（8）Alpha 核素识别

鼠标光标移至特征峰处，读取能量，查询核素表，找到对应核素。

（9）计算峰面积

将所选能量峰全部标记：先将光标放在峰位，然后点击"Mark Peak"。

通过左键拉出选框，然后点击右键，选择 Mark ROI。

此时 ROI 区域被标为红色，在红色区域双击鼠标，获取峰信息，读取峰面积：Net Area。

（10）关闭高压，关闭真空，关机。

2.6.6　实验结果

实验报告要包括实验目的及要求、实验内容、实验步骤、实验结果与分析。给出以下结果：

（1）典型的 α 粒子能谱图，进行能量刻度。

（2）α 源核素识别。

2.6.7　实验要求

（1）实验指导老师对 ALPHA-ENSEMBLE 谱仪的组成、结构、工作原理及功能做简单的介绍，并演示测试实验过程。

（2）按组分别进行 α 粒子能谱测量及核素识别实验。

（3）为确保放射源安全，实验过程中，实验人员有责任对放射源进行监管。

2.6.8　实验注意事项

（1）切勿用手接触放射源，需使用镊子轻拿轻放，不要损坏放射源表面。

（2）使用 ORTEC 八路 α 谱仪时，在打开通道门之前，检查是否将高压降至零，避免未降高压打开通道门使探测器损坏。

2.6.9　思考题

（1）能否利用 ORTEC 八路 α 谱仪检测粉末源？
（2）思考真空度及源探距对能谱的影响。

实验 2.7
利用 α 谱仪测量铝膜厚度

2.7.1　实验目的

（1）掌握 α 谱仪的调整技术，以及测量 α 粒子能谱的方法。
（2）学会用 α 谱仪测量能量损失求薄箔厚度的方法。

2.7.2　实验原理

α 谱仪的组成如图 2-3 所示。

（1）α 谱仪的能量刻度

谱仪的能量刻度是确定 α 粒子能量与脉冲幅度之间的对应关系。脉冲幅度大小以谱线峰位在多道分析器中的道址来表示。α 谱仪系统的能量刻度可采用以下方法。

用一个 ^{239}Pu、^{241}Am 混合的 α 刻度源，已知各素 α 粒子的能量，测出该能量在多道分析器上所对应的谱线峰位道址，作能量对应道址的刻度曲线，并表示为式（2-6）。

$$E = Gd + E_0 \tag{2-6}$$

式中　E——α 粒子能量，keV；

$\quad$ d——对应谱峰所在道址，道；

$\quad$ G——直线斜率，keV/道，称为能量刻度常数；

$\quad$ E_0——直线截距，keV，它表示由于 α 粒子穿过探测器金层表面所损失的能量。

（2）从 α 粒子通过物质的能量损失求薄箔厚度

α 粒子与物质的相互作用主要是与核外电子的相互作用，结果是使原子电离或激发，α 粒子则逐渐损失能量最终停止在物质中。由于 α 等重带电粒子的质量大大超过电子质量，它们通过物质的射程几乎接近直线。

带电粒子在吸收物质中单位路程上的能量损失即能量损失率 $-\mathrm{d}E/\mathrm{d}x$，也称吸收物质。对入射带电粒子的线性阻止本领，以 S 表示为式（2-7）。

$$S = -\mathrm{d}E/\mathrm{d}x \tag{2-7}$$

在带电粒子能量不很高时，近似可以用式（2-8）表示。

$$-\frac{\mathrm{d}E}{\mathrm{d}x} = \frac{4\pi z^2 e^4}{m_0 v^2} NZ \propto \frac{常数}{E} \tag{2-8}$$

式中　E，z，v——带电粒子的能量、原子序数及速度；

m_0，e——电子的静止质量和电荷；

N，Z——吸收物质单位体积的原子数和原子序数。

当 α 粒子穿过厚度为 ΔX 的薄吸收体后，能量由 E_1 变成 E_2，可以表示为式(2-8)。

$$\Delta E = E_1 - E_2 = \left(-\frac{dE}{dx}\right)\Delta X \tag{2-9}$$

式中 $(-dE/dx)$——平均能量的能量损失率。这样如果测定了 α 粒子的能量损失 ΔE 就可以求得薄箔的厚度，当 α 能损较小时，厚度表示为式(2-10)。

$$\Delta X = \frac{dE}{(-dE/dx)} \approx \frac{\Delta E}{(-dE/dx)_{E_1}} \tag{2-10}$$

对于较厚的铝箔，α 能损较大时，可从射程角度分析，能量为 E_1 的 α 粒子在吸收物质中的射程为 R_1，在入射方向上走过 ΔX 后的剩余射程为 R_2，能量也变成 E_2，因此，ΔX 可表示为式(2-11)。

$$\Delta X = R_1 - R_2 = \int_0^{E_1} \frac{dE}{(-dE/dx)_E} - \int_0^{E_2} \frac{dE}{(-dE/dx)_E} \tag{2-11}$$

因此，如果已知 α 粒子在该物质中的能量-射程关系，就很容易由实验测得的 ΔE 求得薄箔厚度，如图 2-22 所示。

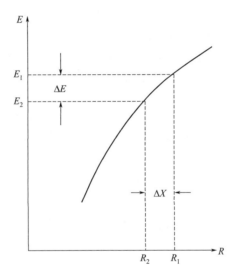

图 2-22　能量-射程关系曲线

带电粒子在物质中的射程已做了广泛的测量，表 2-3 给出了 α 粒子在 Al 中的能量-射程数据，据此可作出能量-射程曲线。

表 2-3　α 粒子在 Al 中的能量-射程数据

E/MeV	1.5	2.0	2.5	3.0	3.5
射程/(mg/cm^2)	1.38	1.85	2.35	2.95	3.60
E/MeV	4.0	4.5	5.0	5.5	6.0
射程/(mg/cm^2)	4.28	5.0	5.85	6.60	7.60

2.7.3　实验内容

（1）调整 α 谱仪，利用 Am 源，掌握能量分辨率、计数率信息的获取方法。

（2）利用 α 源对谱仪进行能量刻度。

（3）测量 ^{241}Am α 粒子通过铝箔的能量损失，确定铝箔厚度。

2.7.4　实验仪器和材料

ORTEC 八路 α 谱仪（图 2-3）、^{241}Am 源。

2.7.5　实验方法和步骤

详细步骤同实验 2.6，此处针对本实验做相应步骤简化。

（1）调整 α 谱仪

① 打开 PC 机、ORTEC 八路 α 谱仪和真空泵。

② 点击 PC 桌面上 MAESTRO for Windows。

③ 选择探测器通道（菜单栏选择框）。

④ 放置样品（^{241}Am 源）。

⑤ 抽真空：Acquire→Properties→Alpha。Target 设为 400（目标真空，单位 mTorr）。Vacuum 设置（Pump 表示抽真空，Vent 表示放弃真空，Hold 表示保持真空）。

⑥ 设置探测器高压：（Acquire→Properties）→High Voltage，输入设定值（可以设置 0～±100V 偏压），On 打开、Off 关闭。

⑦ 设置测量时间：（Acquire→Properties）→Preset，Live Time。

⑧ 点击 Acquire→Start 开始测量。中途需要停止的话，点击 Acquire→Stop。

（2）数据处理

① 点击"Calculate"。寻峰 peak search。

② 选中该峰，右键，点 peak info，其中 FWHM 为半高宽，能量分辨率＝FWHM/峰位。Gross Aera 表示总计数，Net Aera 表示净计数，计数率＝Net Aera/测量时间。

（3）关闭系统

降高压；去真空；去源；关机。

2.7.6　实验结果

实验报告要包括实验目的及要求、实验内容、实验步骤、实验结果与分析。给出以下结果：

（1）谱仪的能量刻度曲线。

（2）经过铝箔前后的 α 粒子能谱图。

（3）铝箔的实际测量厚度。

2.7.7　实验要求

（1）实验指导老师对 ALPHA-ENSEMBLE 谱仪的组成、结构、工作原理及功能做简单的介绍，并演示测试实验过程。

（2）按组分别进行 α 粒子能谱测量及核素识别实验。

（3）为确保放射源安全，实验过程中，实验人员有责任对放射源进行监管。

2.7.8 实验注意事项

（1）切勿用手接触放射源，需使用镊子轻拿轻放，不要损坏放射源表面。

（2）使用 ORTEC 八路 α 谱仪时，在打开通道门之前，检查是否将高压降至零，避免未降高压打开通道门使探测器损坏。

2.7.9 思考题

思考铝箔平整度对检测结果的影响。

实验 2.8
核废物桶核素种类与活度测量实验

2.8.1 实验目的

（1）熟悉分段 γ 扫描系统的组成、结构、工作原理及功能。

（2）掌握有源放射性废物桶测试的基本原理。

（3）利用分段 γ 扫描装置分析有源废物桶内核素种类及其活度。

2.8.2 实验原理

通过分段 γ 扫描技术（segmented gamma scanning，SGS），分析核废物桶内放射性核素种类及活度。

根据朗伯-比尔定律，能量为 E 的入射平行 γ 射线束强度为 $I_0(E)$，穿过厚度为 x 的均匀密度材料样品，其衰减规律如式(2-12)。

$$I(E) = I_0(E) \times \exp[-\mu(E) \times x] \tag{2-12}$$

式中　$I(E)$ ——穿透样品后的平行 γ 射线束强度；

　　　$\mu(E)$ ——线衰减系数。

在实验 γ 能谱中，得到的是每一道址的光子计数，因此式(2-12) 转变为式(2-13)。

$$N(E) = N_0(E) \times \exp[-\mu(E) \times x] \tag{2-13}$$

式中　$N_0(E)$，$N(E)$ ——放入样品前后所得 γ 能谱全能峰净计数。分别获取放入样品前后的 γ 能谱，可得 γ 射线在样品中的线衰减系数，计算公式如式(2-14)。

$$\mu(E) = -\frac{1}{x} \times \ln\left[\frac{N(E)}{N_0(E)}\right] \tag{2-14}$$

由于 $\mu(E)$ 与 γ 射线能量有关，通过透射测量得到样品对多个能量 γ 射线的线衰减系数，拟合得到 $\mu(E)$ 随 γ 射线能量变化的特征方程，进而从特征方程中求取对应发射 γ 射线能量下的线衰减系数。

在发射测量中，探测器计数是样品中发射的 γ 射线经过样品介质的衰减，同时考虑探测器的探测效率后得到的，发射测量问题可以用式(2-12)～式(2-14) 来描述，如式(2-15)～式(2-17)。

$$D(E)=F(E)\times S(E) \tag{2-15}$$

$$F(E)=\varepsilon(E)\times A(E) \tag{2-16}$$

$$A(E)=\exp\left[-\mu(E)\times R\right] \tag{2-17}$$

式中　$D(E)$ ——样品发射 γ 射线的探测器计数率；

　　　$F(E)$ ——衰减校正效率；

　　　$S(E)$ ——样品放射源活度；

　　　$\varepsilon(E)$ ——探测效率；

　　　$A(E)$ ——自吸收校正因子；

　　　$\mu(E)$ ——线衰减系数；

　　　R——样品衰减厚度。

通过透射测量拟合得到发射 γ 射线能量下的线衰减系数，即可得桶装核废物样品进行 γ 射线自吸收校正后的活度，计算公式如式(2-18)。

$$S(E)=\frac{D(E)}{\varepsilon(E)\times\exp\left[-\mu(E)\times R\right]} \tag{2-18}$$

2.8.3　实验内容

(1) 学习分段 γ 扫描系统的组成、结构、工作原理及功能。

(2) 利用分段 γ 扫描装置分析有源废物桶内核素种类及其活度。

2.8.4　实验仪器和材料

分段 γ 扫描装置系统（图 2-4），^{152}Eu、^{137}Cs 和 ^{60}Co 放射源。

2.8.5　实验方法和步骤

(1) 将透射源 ^{152}Eu 和 HPGe 探测器分别置入各自的准直器中，使得探测器、探测器准直器、透射源准直器处于同一水平轴线上。

(2) 在 PC 端，打开自主研发的分析测试软件，设置测量参数（包括加载探测器高压、单次测量时间、能谱道数、能量刻度等）。

(3) 不放置废物桶及样品，打开透射源屏蔽开口，然后点击 γ 能谱测量界面的"开始"控制键，开始测量能谱数据，一次测量完成后保存一个谱文件，得到无样品时透射测量数据。

(4) 关闭透射源屏蔽开口，将 ^{137}Cs 或 ^{60}Co 放射源放置在载物台中心位置一定高度处。移动探测器高度位置与放射源高度齐平，然后点击 γ 能谱测量界面的"开始"控制键，开始测量能谱数据，得到探测效率的实验测量数据。

(5) 将填充有样品（硅酸铝或木质板）的废物桶放置在载物台上，打开透射源屏蔽开口，匀速旋转桶装核废物样品，同时同高度升降透射源和探测器，点击 γ 能谱测量界面的

"开始"控制键，开始测量能谱数据，一次测量完成后保存一个谱文件，得到有样品时透射测量数据，结合步骤（3）得到的数据计算出每层介质对于分析射线的线衰减系数。

（6）关闭透射源屏蔽开口，将 ^{137}Cs 或 ^{60}Co 放射源依次放置在介质样品不同偏心距的内孔处，然后点击 γ 能谱测量界面的"开始"控制键，开始测量能谱数据，一次测量完成后保存一个谱文件，得到放射源处于不同偏心位置时的实验测量数据。

（7）结合步骤（3）～步骤（6）获得的实验数据，对废物桶内核素活度进行分析，并给出相应的误差。

（8）同时提升透射源部分和探测器部分，进行样品第二层探测，重复步骤（6）、步骤（7）。以此类推，直到完成整个废物桶样品的活度分析。

（9）关闭透射源屏蔽开关，然后关闭载物台旋转开关，将透射源 ^{152}Eu 和放射源 ^{137}Cs 或 ^{60}Co 取出，放回储存铅罐中，将废物桶样品从载物台取下，关闭仪器。

2.8.6　实验结果

根据实验内容设计表格并填入数据。

2.8.7　实验要求

（1）实验指导老师对分段 γ 扫描系统装置的组成、结构、工作原理及功能做简单的介绍，并演示测试实验过程。

（2）按每组 3～5 人分成五组。一组实验另一组观看，完成后，两组任务互换。

2.8.8　实验注意事项

（1）放射源具有一定辐射损害，实验过程中实验人员不要长时间近距离靠近废物桶和有源铅室。

（2）在教师指导下操作实验仪器。

2.8.9　思考题

思考分段 γ 扫描技术的应用。

实验 2.9
β-γ 符合法测量 ^{60}Co 样品的放射性活度

2.9.1　实验目的

（1）了解 β-γ 符合法的基本原理。
（2）通过 β-γ 符合法测定 ^{60}Co 样品的放射性活度。
（3）通过 β-γ 符合法测定待测样品的放射性活度。

2.9.2 实验原理

（1）符合测量方法工作原理

符合测量方法是测量放射源活度最精确的方法之一。除了测定活度，利用符合测量方法还可以分析核级联跃迁的形式、同质异能素的寿命等。β探头可由塑料闪烁体、光电倍增管GDB-44F和射极输出器组成。γ探头可由碘化钠闪烁体、光电倍增管GDB-44F和射极输出器组成。BH1312型β-γ符合测量装置是一套慢符合实验装置。图2-23是常用慢符合各组成部分示意图，其中探测器β、γ给出的信号经过脉冲放大器放大，单道甄别，延时，成形，输出一定幅度、一定宽度的脉冲，送到符合单元进行符合选择，两个脉冲有重叠部分即可产生相应的符合计数。

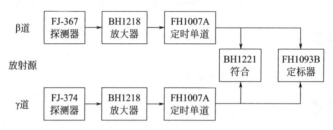

图2-23　BH1312型β-γ符合测量装置

三路定标器选用同样的工作条件，同时启动，这样可同时记录β道计数、γ道计数及符合道计数。

β道用FJ-367探测器，晶体为塑料晶体，电源用负高压、正低压。

γ道用FJ-374探测器，晶体为NaI（Tl），电源用正高压、负低压。

（2）放射性活度和分辨时间计算公式

① 放射性活度，计算如式（2-19）。

$$A_0 = \frac{n_{\beta 0} n_{\gamma 0}}{n_{c0}} \qquad (2\text{-}19)$$

式中　A_0——放射性活度；

$n_{\beta 0}$——β粒子在β道扣除本底后的纯计数；

$n_{\gamma 0}$——γ射线在γ道扣除本底后的纯计数；

n_{c0}——β-γ扣除本底后真符合计数，计算如式（2-20）。

$$n_{\beta 0} = n_\beta - (n_{\beta b} + n_{\beta \gamma}) \qquad (2\text{-}20)$$

式中　n_β——有^{60}Co时β道总计数；

$n_{\beta b}$——β道本底计数；

$n_{\beta \gamma}$——在β道中由γ射线引起的计数；

$n_{\beta b} + n_{\beta \gamma}$——挡掉β粒子后的β道计数，计算如式（2-21）。

$$n_{\gamma 0} = n_\gamma - n_{\gamma b} \qquad (2\text{-}21)$$

式中　n_γ——有^{60}Co时γ道总计数；

$n_{\gamma b}$——取走^{60}Co后γ道本底计数，计算如式（2-22）。

$$n_{c0} = n_c - 2\tau n_{\beta 0} n_\gamma - n_{cb0} \qquad (2\text{-}22)$$

式中　n_c——有^{60}Co时符合道总计数；

$2\tau n_{\beta 0} n_\gamma$——偶然符合计数；

n_{cb0}——本底符合计数。

② 分辨时间，计算如式（2-23）。

$$\tau = \frac{n_{rc}}{2n_1 n_2}$$ (2-23)

式中 τ——分辨时间；

n_{rc}——纯偶然符合实际计数（包括本底）；

n_1——β 道实际计数（包括本底）；

n_2——γ 道实际计数（包括本底）。

2.9.3 实验内容

（1）学习 BH1312 型 β-γ 符合测量装置的设置和使用方法。

（2）采集并测量标准面源^{137}Cs 的 β、γ 和符合计数。

（3）计算标准面源^{137}Cs 的放射性活度。

（4）采集并测量待测样品的 β、γ 和符合计数。

（5）计算待测样品的放射性活度。

2.9.4 实验仪器和材料

BH1312 型 β-γ 符合测量装置（图 2-24）、标准面源^{60}Co 或^{137}Cs。

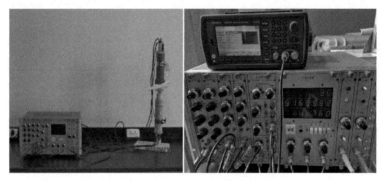

图 2-24　β-γ 符合测量装置

2.9.5 实验方法和步骤

（1）工作环境调试

① 连接仪器，打开电源预热 10min。

② 放置工作源^{60}Co，调节高压用示波器检查探测器输出，应有 0.5V 左右负脉冲。

③ 调节放大倍数（积分置"0"、微分置"MAX"、极性为"-"）使放大器输出脉冲幅度在 7~8V（或者正脉冲 4V 左右）。

④ 单道置"微分"，阈值 0.2~0.5V，道宽 5V，延时 0.8μs 左右，粗测能谱，在能去掉噪声又基本不损失计数的原则上，选择阈值及道宽并使两个单道在同一时间有输出。

⑤ 调节"符合成形时间"使脉冲宽度为 0.2~0.5μs，延时可以固定一道，调节另一道

"延时"，测量不同延时的条件下单道与符合计数。

（2）β-γ实验测量步骤

① 选定工作条件，调整符合系统的参量。

a.用脉冲产生器的信号和示波器的外触发信号，观察各级输出信号的波形及时间关系。

b.改变输入信号大小，观察定时单道输出脉冲的时间稳定性。

c.调节定时单道延时使两道输出信号发生在同一时间。

② 调节"符合成形时间"使脉冲宽度为 $0.2\sim0.5\mu s$。固定符合电路任一道"延时"于某中间位置，改变另一道"延时"测量不同"延时"时的单道计数与符合计数，作出瞬时符合曲线，求出电子学分辨时间。用 ^{60}Co 放射源作瞬时符合曲线，求物理分辨时间。

③ 用 ^{137}Cs 放射源作偶然符合，测出 n 组 n_1、n_2 和 n_{rc}，求出符合测量的分辨时间，并与步骤②测得的结果进行比较。

④ 换上 ^{60}Co 源。

a.在分辨时间相同条件下测出 n_{β}、n_{γ} 和 n_c。

b.加适当厚度 A_1 片（置 ^{60}Co 源前）测出 $n_{\beta b}+n_{\beta\gamma}$、$n_{cb0}$。

c.取走 ^{60}Co 源测出 $n_{\gamma b}$。

由以上实测数据计算分辨时间、放射性活度 A_0。

2.9.6　实验结果

根据实验内容设计实验表格，填入数据，并撰写实验报告，包括：

（1）测量标准面源 ^{137}Cs 的 β、γ 和符合计数，计算其放射性活度。

（2）测量待测样品的 β、γ 和符合计数，计算待测样品的放射性活度。

2.9.7　实验要求

（1）熟悉核辐射物理及探测学、辐射剂量学等相关章节。

（2）熟悉相关的重要知识点。

（3）实验完成后注意打扫实验室卫生。

2.9.8　实验注意事项

（1）FJ-367 β 探头使用的高压线及插头必须经过转接头与高压电源 BH1283N 的后面板输出相接，否则高压接不上。

（2）有关参数设置（仅供参考）见表 2-4。

表 2-4　实验相关参数设置

项目	阈值	道宽	符合延时	定标器阈值	探头位置	高压	放大	符合成形时间
β 道	0.3 圈	5V	5.0 圈	1V	48cm			
γ 道	0.2 圈	5V	2.0 圈	1V	13cm			

2.9.9　思考题

是否可用 β-γ 符合法测量 ^{137}Cs 的放射性活度？为什么？

第3部分

辐射环境监测综合性实验

实验 **3.1**
个人剂量的监测与分析

3.1.1　实验目的

认识和了解个人剂量仪的工作原理，能够正确使用 BH3084 型个人剂量仪进行放射性剂量测量。

3.1.2　实验原理

个人剂量仪是辐射环境工作下必须使用的设备之一，其易于携带的优点可有效保护工作人员人身安全。个人剂量仪可监测 X、γ 辐射引起的累积个人剂量当量和个人剂量当量率。剂量当量和剂量当量率可用按键切换由 LCD 直接显示读出。测量数据和工作时间等可存储在个人剂量仪内且掉电不丢失，并可由红外通信方式传输至读出器和中心计算机。个人剂量仪可预置剂量、剂量率报警阈值，在超阈时可发出声、光报警。个人剂量仪有两种工作方式，既可配合读出器和计算机联机工作，也可单机独立运行。

3.1.3　实验内容

（1）学习和了解个人剂量仪的基本原理、构造及操作方法。
（2）采用 BH3084 型个人剂量仪进行标准源（^{137}Cs）放射性的测量。

3.1.4　实验仪器和材料

BH3084 型个人剂量仪（图 3-1）、标准源^{137}Cs。
BH3084 型个人剂量仪是采用新型单片机技术制作而成的智能型仪器，主要用来监测 X

射线和 γ 射线对人体照射的剂量当量率和剂量当量，有设置阈值和超阈报警功能。该仪器主要技术指标符合国家标准和国际标准，广泛适用于辐照站、海关、工业无损探伤、核电站、核潜艇、同位素应用和医疗钴 60 治疗等领域。

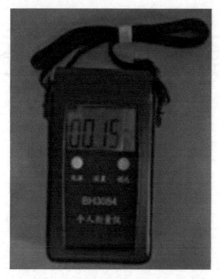

图 3-1　BH3084 型个人剂量仪

3.1.5　实验方法和步骤

（1）开机：打开开关，开启电源，进入操作界面。

（2）置零。

（3）选择测试方法。

（4）设置阈值及测量时间。

（5）开始测量。

（6）将测量结果保存。

3.1.6　实验结果

实验结果记录到表 3-1。

表 3-1　γ 辐射测量数据处理表

测量地点：　　　　　　　　　　　　　　测量类型：γ

测次	1	2	3	4	5	6	7	8	9	10	平均值
测点 1											
测点 2											
测点 3											

3.1.7　实验要求

（1）实验指导老师对个人剂量仪的组成、结构、工作原理及功能做简单的介绍，并演示测试实验过程。

（2）按组分别进行实验并对测量数据进行分析。

3.1.8 实验注意事项

（1）放射源具有一定的辐射损害，实验过程中实验人员不要长时间靠近放射源。为确保放射源安全，实验过程中，实验人员有责任对放射源进行监管。

（2）如果个人剂量仪电量不足，请更换新电池。工作完毕时将电池取出。

3.1.9 思考题

按活度的大小，放射源分成几类？

实验 3.2
工作场所的表面污染监测与评价

3.2.1 实验目的

（1）认识 α、β 表面污染仪，能够正确组装仪器。

（2）了解 BH3206 型 α、β 表面污染仪的工作原理，能够正确使用仪器并分析测试数据。

3.2.2 实验原理

现场墙壁、地面及设备等放射性表面沾污的测量，可粗略分为直接测量和采样测量。核电站工程中，辐射防护人员一般采用直接法进行控制区表面沾污普查工作，若先确定仪器表面参考水平的话，结合使用仪表制定出记录水平和导出调查水平，则可在普查中对低于导出记录水平的沾污不做任何记录，运行工作人员自由出入。对高于导出记录水平但低于导出调查水平的沾污，除了记录外，还需要经常进行间接测量，得到证实后还需寻找沾污的来源并控制放射工作人员的出入。由于测量人员的因素使得测量仪表的探头到被测表面的距离发生变化，其测量结果的可信程度有可能下降。因此，对于超出导出调查水平的沾污，必须采用采样间接测量加以论证。所谓采样测量就是将被测表面的沾污转移到样品上，然后对样品进行放射性活度的测量，从而确定其沾污的水平。

为保证现场表面沾污的直接测量结果具有一定的可靠性，任何状态皆必须利用伴随表面污染监测仪的参考源（标准源）进行常规检查（或定期刻度）。

α、β 表面污染仪的探头一般分为两种。第一种是采用盖革-米勒计数管来测定辐射（如 REN600A 表面污染测量仪采用大面积 MICA 盖革探测器），当每一次射线通过该 G-M 管并引起电离时便使该管产生一次检测电流脉冲，每个脉冲被电子管电路检测并记录为一个计数，该剂量仪的显示值为在选定模式下的计数值。第二种采用 ZnS（Ag）闪烁体作为 α 探头，塑料闪烁体作为 β 探头，同光电转换产生脉冲。

3.2.3 实验内容

（1）学习和了解常用放射性表面污染监测仪的基本原理、构造及操作方法。

（2）采用 BH3206 型 α、β 表面污染仪对工作场所表面污染进行测量。

3.2.4 实验仪器和材料

BH3206 型 α、β 表面污染仪（图 2-6）。

3.2.5 实验方法和步骤

（1）本底测量：开机后，选择"本底"方式，依次输入测量时间（小于 1h）和测量次数（小于 19 次），选择"返回"，按"确认"进行本底测量。

（2）样品测量：选择"样品"方式，依次输入样品测量时间（小于 1h）和测量次数（小于 19 次）、本底测量时间（小于 1h）和测量次数（小于 19 次），选择"返回"进行本底测量。

（3）测量完成后关机。

3.2.6 实验结果

实验结果记录到表 3-2。

表 3-2 α、β 辐射测量数据处理表

测量地点：　　　　　　　　　　　　　测量类型：α、β

α 测量											
测次	1	2	3	4	5	6	7	8	9	10	平均值
测点 1											
测点 2											
测点 3											
β 测量											
测次	1	2	3	4	5	6	7	8	9	10	平均值
测点 1											
测点 2											
测点 3											

3.2.7 实验要求

（1）实验指导老师对 BH3206 型 α、β 表面污染仪的组成、结构、工作原理及功能做简单的介绍，并演示测试实验过程。

（2）按组分别进行实验并对实验数据进行分析。

3.2.8　实验注意事项

（1）实验过程中做好个人的辐射防护。

（2）如果 BH3206 型 α、β 表面污染仪电量不足，请充电。工作完毕关掉电源后断开连接。

3.2.9　思考题

放射性污染工作场所的表面去污方法有哪些？

实验 3.3
环境中 X-γ 剂量率的监测与评价

3.3.1　实验目的

（1）认识 BH3103B 型便携式 X-γ 剂量率仪，能够正确组装仪器。

（2）了解 BH3103B 型便携式 X-γ 剂量率仪的工作原理，能够正确使用仪器并分析测试数据。

3.3.2　实验原理

当 X-γ 射线打在闪烁体上，与之发生相互作用，闪烁体吸收射线能量而使原子、分子电离和激发，受激原子、分子退激时发射荧光光子，利用反射物和光导将闪烁光子尽可能多地收集到光电倍增管的光阴极上，由于光电效应，光子在光阴极上击出光电子。光电子在光电倍增管中倍增，电子流在阳极负载上产生电信号。再通过 I-F 变换器把电流信号变成计数频率，数据采集器、单片机处理系统完成吸收剂量率大小的显示、报警以及数据传输存储、打印等功能。

3.3.3　实验内容

（1）学习和了解 BH3103B 型便携式 X-γ 剂量率仪的基本原理、构造及操作方法。

（2）采用 BH3103B 型便携式 X-γ 剂量率仪进行环境中 X-γ 剂量率测试。

3.3.4　实验仪器和材料

BH3103B 型便携式 X-γ 剂量率仪（图 2-1）、标准源 ^{137}Cs。

3.3.5　实验方法和步骤

（1）开机：打开开关，开启电源。进入操作界面。

（2）置零。

（3）测试 ^{137}Cs 标准源。

（4）设置阈值及测量时间。

（5）开始测量，将测量结果保存。

3.3.6 实验结果

实验结果记录到表 3-3。

表 3-3　γ 辐射测量数据处理表

测量地点：　　　　　　　　　　　　　　测量类型：γ

测次	1	2	3	4	5	6	7	8	9	10	平均值
测点 1											
测点 2											
测点 3											

3.3.7 实验要求

（1）实验指导老师对便携式 X-γ 剂量率仪的组成、结构、工作原理及功能做简单的介绍，并演示测试实验过程。

（2）按组分别进行实验并对实验数据进行分析。

3.3.8 实验注意事项

（1）放射源具有一定的辐射损害，实验过程中实验人员不要长时间靠近放射源。为确保放射源安全，实验过程中，实验人员有责任对放射源进行监管。

（2）如果剂量仪电量不足，请充电。工作完毕时请关机。

3.3.9 思考题

环境中 X 射线和 γ 射线的来源有哪些？

实验 3.4
环境电离辐射监测与评价

3.4.1 实验目的

（1）认识 FJ-428G 型多用辐射测量仪，能够正确组装仪器。

（2）了解 FJ-428G 型多用辐射测量仪的工作原理，能够正确使用仪器并分析测试数据。

3.4.2 实验原理

电离辐射是原子核从一种结构或能量状态转变为另一种结构或能量状态过程中释放出的

微观粒子流，它可以使物质引起电离或激发，又称核辐射。核辐射一般包括 α 射线（粒子流）、β 射线（电子流）和 γ 射线、X 射线（光子流）。射线作用于测量探头内的闪烁体产生光电信号，经光电倍增管放大后计数，得出某种射线的电离辐射强度。

3.4.3　实验内容

（1）学习和了解 FJ-428G 型多用辐射测量仪的基本原理、构造及操作方法。
（2）采用 FJ-428G 型多用辐射测量仪进行环境电离辐射监测与评价。

3.4.4　实验仪器和材料

FJ-428G 型多用辐射测量仪（图 2-5）、标准源 ^{239}Pu。

3.4.5　实验方法和步骤

（1）仪器准备：装入电池，检查仪器。按"SA"键，显示器上依次显示 293，同时 α、β、X、γ 四个按键上方的灯逐次亮。
（2）本底测量：连接测量各种射线的专用探头。测量天然本底辐射，测量方法见（3）、（4）。
（3）γ（X）射线测量：在主机面板上按下"γ"或"X"键，选择测量类型。手动计数测量按"C"键开始计数（吸收剂量率测量按"D"键），计数停止，测量完成。按亮"A"为自动测量。
（4）α（β）射线测量：打开探头保护盖，在主机面板上按下"α"或"β"键，选择测量时间和计数方式，按"C"键开始计数，计数停止，测量完成。

3.4.6　实验结果

（1）测量记录
实验结果记录到表 3-4。

表 3-4　电离辐射测量数据

实验名称	测量类型	测量时间/(时:分)	计数方式	计数值	剂量率/(10^{-8}Gy/h)
γ 测量	本底				
α 测量	本底				
β 测量	本底				
X 测量	本底				

3.4.7　实验要求

（1）实验指导老师对 FJ-428G 型多用辐射测量仪的组成、结构、工作原理及功能做简单的介绍，并演示测试实验过程。
（2）按组分别进行实验并对实验数据进行分析。

3.4.8　实验注意事项

（1）每次使用只能接一个探头，仪器通电后不能更换探头。

（2）测量 α、β 射线时，要注意保护探头挡光膜，测量完毕应及时戴上防护罩。

（3）不能用手触摸 ^{239}Pu 辐射源。

3.4.9　思考题

思考环境电离辐射的来源。

实验 3.5
环境样品低本底 α、β 监测与分析

3.5.1　实验目的

（1）了解 BH1216 型低本底 α、β 测量仪的测量原理、基本结构和操作方法。

（2）掌握测量 α、β 活度的环境土壤样品和水样品的前处理过程以及注意事项，学会制备环境土壤样品和水样，并使用 BH1216 型低本底 α、β 测量仪测量出准确结果。

3.5.2　实验原理

BH1216 型仪器的主探测器所使用的闪烁体是 ST-1221 型低本底 α、β 闪烁体。该闪烁体是由 α 闪烁物质和 β 闪烁物质喷涂在 5～6mm 的有机玻璃板上，经特殊工艺制成。α 闪烁物质在外层，β 闪烁物质在内层。由于 α 粒子的射程小，当 α 粒子进入 α 闪烁物质时，将全部能量损失在 α 闪烁物质上，引起闪烁发光，由于 β 闪烁材料半透明，α 粒子的闪光通过 β 闪烁材料进入光电倍增管，产生 α 信号。β 粒子由于穿透能力较强，穿过 α 闪烁物质进入 β 闪烁物质，β 粒子的闪光通过 β 闪烁材料进入光电倍增管，产生 β 信号。

3.5.3　实验内容

（1）学习和了解 BH1216 型低本底 α、β 测量仪的工作原理和软硬件组成。

（2）对环境土壤样品和水样品进行前期处理，并且制备成可测量的样品。

（3）使用设备对自己制备的样品进行分析测量，得出测量结果。

3.5.4　实验仪器和材料

BH1216 型低本底 α、β 测量仪（图 2-8），马弗炉，干燥器，胶头滴管，万分之一电子分析天平，红外线灯，烘箱，研钵和研杵（玛瑙质地），牛角勺（药匙），环形针。乙醇（化学纯或优级纯）、丙酮（化学纯或优级纯）。

3.5.5 实验方法和步骤

（1）测量盘的准备

使用仪器附有的专用测量盘。先将测量盘仔细清洗烘干后编号，然后随机测量 10 只测量盘，如果本底值基本相同，即保存待用。待用测量盘不和高活度的放射源放在一起，防止被污染。样品托盘需要定期用酒精棉（无水乙醇）进行擦洗，保持清洁，待完全挥发干燥后再将样品托盘恢复原位，避免样品灰尘或杂质影响测量结果。

（2）样品制备

① 土壤样品的制备：土壤样品取回后第一时间去除沙石、杂草等异物后称重。置于搪瓷盘中摊开晾干，后置于 105℃ 恒温干燥箱中干燥至恒重，计算样品的失水量。碾碎过 120目筛，于已编号的广口瓶中密封保存备用。取 160mg 粉末土壤样品置于干净样品盘中，滴入少量体积比为 1：1 的酒精与丙酮溶液，使用环形针使粉末样品平整均匀后，置于红外灯下烘干。取出样品放入干燥器内，待测。

② 水样品的制备

a.蒸干：用电炉或电热板、烧杯及其他蒸干设备处理水样，待水样蒸发到 50mL 左右后冷却。将已浓缩的溶液转移到经 350℃ 预先恒重过的瓷蒸发皿中。用少量的蒸馏水仔细地洗烧杯，并将洗液也一并转移至蒸发皿中。将蒸发皿中的浓缩溶液冷却到室温后，加 1mL 的硫酸，并搅拌均匀。为防止溅出，把蒸发皿放在红外灯下，小心蒸干，直到硫酸冒烟后，取下放到加热板上，继续加热到烟雾散尽为止。

b.灰化：将蒸干后的样品残渣放入马弗炉内灰化，灰化温度为 500～600℃，时间为 1～2h，直至把样品残渣灰化到白色为止。灰化一定时间后，打开马弗炉，取出样品残渣检查灰化情况，若发现仍有黑色炭状物存在，可加几滴浓硝酸于样品的黑核上，以加快其灰化速度。但要注意，加上硝酸后的样品必须再加热，使酸完全挥发掉，即不冒烟后再放入马弗炉内继续灰化，直至样品全部为白色为止。

c.样品装盘：分别取一定量的样品粉末。仔细研磨粉末使之成为小于 120 目的粉末状。严格地取 160mg 粉末，铺于清洁的样品盘内，每盘滴入少量的体积比为 1：1 的酒精与丙酮混合溶液，用环形针使三个样品盘内的粉末平整均匀，再用红外灯把有机溶剂彻底烘干，放入干燥器内，待测。

（3）样品测量

① 开机：先打开仪器主机中的机箱电源→打开低压电源→打开高压电源→打开显示器→打开计算机主机，然后仪器预热至少 30min 以上再进行操作。

② 参数设置：打开软件→设置→仪器参数→确定。工作条件→确定。活性参数→确定。样品测量参数设置→确定。注意：检查设置中的各项数据是否正确。

③ 样品测量：从干燥器中取出制备好的样品，送入仪器内进行测量，每次 1h，测量 4次，共 4h。

④ 打印结果并关机：测量结束后将结果保存，再点击"打印"，仪器连接的打印机自动打印测量结果。关机：先关计算机主机→再关显示器→再关仪器电源。

3.5.6 实验结果

实验结果记录到表 3-5。

表 3-5　样品的 α、β 辐射测量数据处理表

α 测量											
测次	1	2	3	4	5	6	7	8	9	10	平均值
样品 1											
样品 2											
样品 3											

β 测量											
测次	1	2	3	4	5	6	7	8	9	10	平均值
样品 1											
样品 2											
样品 3											

3.5.7　实验要求

实验指导老师对 BH1216 型低本底 α、β 测量仪的组成、结构、工作原理及功能做简单的介绍，并演示测试实验过程。

3.5.8　实验注意事项

测量样品过程中，放进样品时要轻推，取出时要慢拉，以防样品弹出落在测量室中。对吸潮快的样品，宜采用短时间交替测量，即测量—干燥—测量，这样就可避免吸潮多而明显降低计数效率。甚至有的样品会因严重吸潮而发生凸起变形，这样在取出样品源时就可能有一部分样品被刮在测量室内而损坏探测器。

3.5.9　思考题

天然宇宙射线本底对测量结果有什么影响？

实验 3.6
室内氡浓度的监测与评价

3.6.1　实验目的

（1）学会氡浓度测量仪 RAD7 的基本操作和使用流程。

（2）在不同室内环境对氡浓度开展监测实验，初步探究影响氡浓度大小的环境条件，以此掌握降低室内氡浓度的方法。

3.6.2　实验原理

氡的原子序数是 86，自然界中没有氡的稳定同位素，它有 3 个放射性同位素，即 ^{222}Rn、^{220}Rn、^{219}Rn。^{222}Rn 是铀（^{238}U）系衰变的中间产物，^{220}Rn 和 ^{219}Rn 则分别是 Th 系

和 Ac 系衰变的中间产物。它们的半衰期分别为 3.825d、54.4s 和 3.92s。由于 ^{220} Rn 和 ^{219} Rn 的半衰期较短，产生后很快就衰变到很低水平，对人体伤害较小。而 ^{222} Rn 半衰期稍长，因而在环境中含量最多、对人体危害最大的主要是 ^{222} Rn 及其短寿命子体。

室内建材如水泥、墙灰等的原材料多来源于矿石，含有大量的钍系、锕系和铀系元素，其衰变过程中会产生放射性氡同位素。封闭的室内，由于放射性平衡，随时间的迁移，氡浓度会趋于一个稳定值。采用 RAD7 抽气排气平衡的方式对室内稳定的氡浓度进行测量，可得到该条件下的氡浓度。空气样品经过初步过滤，进入干燥筒进行流气式干燥，再经过特殊滤膜对空气中杂质进一步过滤，然后用仪器进行测量。RAD7 内部为金硅面垒半导体探测器，进入仪器的放射性气体在腔室内衰变产生 ^{218} Po 粒子，腔体内的电场将这个带正电的离子赶向探测器并吸附在那里。当短寿命的 ^{218} Po 核素在探测器活性表面衰变时，其 α 粒子有 50% 的概率进入探测器，并产生强度与 α 粒子能量相称的电信号。相同的核素随后的衰变产生不被探测的 β 粒子，或者具有不同能量的 α 粒子。不同的同位素具有不同的 α 能量，能在探测器中产生不同的强度信号。

国家标准 GB 50325 规定一类民用建筑工程：住宅、医院、老年公寓、幼儿园、学校教室等的氡浓度限值是 200Bq/m^3。因此，采用 RAD7 测量得到的氡浓度小于 200Bq/m^3，即可说明该建筑满足要求，该生活环境安全可靠。

3.6.3　实验内容

（1）学习和了解 RAD7 测氡仪的工作原理和软硬件组成。

（2）使用 RAD7 测氡仪对室内中的氡进行分析测量，得出测量结果。

3.6.4　实验仪器和材料

RAD7 测氡仪（图 2-7）。

3.6.5　实验方法和步骤

（1）首先检查干燥筒内的干燥剂是否能正常工作，一般一段时间后需要将干燥剂放于烘箱中对干燥剂进行干燥处理。

（2）对 RAD7 进行正确气路连接，接通 RAD7 电源，使用的电源一定要具有良好的接地（内部具有 2000～2500V 的高压）。

（3）选择 TEST 命令中的 Purge 命令对 RAD7 测氡仪进行净化处理。

（4）选择 SETUP 命令设置测试协议及时间等各项测试功能。

（5）关机。

（6）开机选择 TEST 命令中的 Start 命令开始测试。

（7）查看测量状态与测量数据。

（8）数据读取和数据打印、分析测试结果。

3.6.6　实验结果

实验结果记录到表 3-6。

表 3-6 氡气测量数据

时间/地点：			气象条件：			门窗条件：密闭 2h		
采样时间		min	空气流量		m³/min	换卡时间		min
高/低压		V/ V	自检值			计数方式		
计数时间		min	计数值			K_2 值		
计算值		Bq/m³	测量结果					

3.6.7 实验要求

（1）实验指导老师对 RAD7 测氡仪的组成、结构、工作原理及功能做简单的介绍，并演示测试实验过程。

（2）按组分别进行实验并对实验数据进行分析。

3.6.8 实验注意事项

（1）如实验环境中气溶胶浓度较高，请实验人员佩戴好口罩进行实验。

（2）实验完成后，仪器设备归还原位。

3.6.9 思考题

（1）氡对人体会产生哪些危害？

（2）本次实验测量结果是否符合国家标准？

3.6.10 补充知识

我国于 2015 年发布《室内氡及其子体控制要求》（GB/T 16146—2015）的国家标准：对新建建筑物室内氡浓度设定的年均氡浓度目标水平为 100Bq/m³，对已建建筑物室内氡浓度设定的年均氡浓度行动水平为 300Bq/m³。根据国家标准判断所测氡浓度是否在许可范围。

实验 3.7
环境水样中总 α 放射性的测定

3.7.1 实验目的

（1）掌握行业标准 HJ 898—2017 关于水质总 α 放射性测定的原理及实验技术。

（2）学习低水平 α 放射性固体粉末样品的测量方法。

3.7.2 实验原理

BH1216 型仪器的主探测器所使用的闪烁体是 ST-1221 型低本底 α、β 闪烁体。该闪烁

体是由 α 闪烁物质和 β 闪烁物质喷涂在 5～6mm 的有机玻璃板上，经特殊工艺制成。α 闪烁物质在外层，β 闪烁物质在内层。由于 α 粒子的射程小，当 α 粒子进入 α 闪烁物质时，将全部能量损失在 ZnS（Ag）材料上，引起闪烁发光，产生 α 信号。β 粒子由于穿透能力较强，穿过 ZnS（Ag）材料进入 β 闪烁物质，产生 β 信号。α、β 响应的输出脉冲幅度相差 30～50 倍，用幅度甄别的方法将样品中的 α 和 β 粒子分开。

3.7.3　实验内容

（1）学习和了解 BH1216 型低本底 α、β 测量仪的测量原理和软硬件组成。
（2）对环境水样品进行前期处理，并且制备成可测量的样品。
（3）使用设备对自己制备的样品进行分析测量，得出测量结果。

3.7.4　实验仪器和材料

BH1216 型低本底 α、β 测量仪（图 2-8），马弗炉，分析天平，可调温电热板，测量盘，蒸发皿，研钵和研磨棒，1.42g/mL 硝酸（HNO_3），1.84g/mL 硫酸（H_2SO_4），无水乙醇（C_2H_5OH），α 标准粉末源，硫酸钙（$CaSO_4$）。

3.7.5　实验方法和步骤

（1）浓缩
根据残渣含量估算实验分析所需量取样品的体积（表 3-8）。为防止操作过程中的损失，确保试样蒸干、灼烧后的残渣总质量略大于 0.1Amg（A 为测量盘的面积，mm^2），灼烧后的残渣总质量按 0.13Amg 估算取样量。

量取 500mL 待测样品于烧杯中，置于可调温电热板上缓慢加热，电热板温控制在 80℃左右，使样品在微沸条件下蒸发浓缩。为防止样品在微沸过程中溅出，烧杯中样品体积不得超过烧杯容量的一半，若样品体积较大，可以分次陆续加入。全部样品浓缩至 50mL 左右，放置冷却。将浓缩后的样品全部转移到蒸发皿中，用少量 80℃以上的热去离子水洗涤烧杯，防止盐类结晶附着在杯壁，然后将洗液一并倒入蒸发皿中。

对于硬度很小（如以碳酸钙计的硬度小于 30mg/L）的样品，应尽可能地量取实际可能采集到的最大样品体积来蒸发浓缩，如果确实无法获得实际需要的样品量，也可在样品中加入略大于 0.13Amg 的硫酸钙，然后经蒸发、浓缩、硫酸盐化、灼烧等过程后制成待测样品源。

（2）硫酸盐化
沿器壁向蒸发皿中缓慢加入 1mL 的硫酸，为防止溅出，把蒸发皿放在红外箱或红外灯或水浴锅上加热，直至硫酸冒烟，再把蒸发皿放到可调温电热板上（温度低于 350℃），继续加热至烟雾散尽。

（3）灼烧
将装有残渣的蒸发皿放入马弗炉内，在 350℃下灼烧 1h 后取出，放入干燥器内冷却，冷却后准确称量，根据和蒸发皿的差重，求得灼烧后残渣的总质量。

（4）样品源的制备
将残渣全部转移到研钵中，研磨成细粉末状，准确称取不少于 0.1Amg 的残渣粉末到测量盘中央，用滴管吸取有机溶剂，滴到残渣粉末上，使浸润在有机溶剂中的残渣粉末均匀平铺在测量盘内，然后将测量盘晾干或置于烘箱中烘干，制成样品源。

3.7.6 实验结果

（1）结果计算如式(3-1)。

$$C = \frac{R_x - R_0}{R_S - R_0} \times \alpha_S \times \frac{m}{1000V} \times 1.02 \tag{3-1}$$

式中　C——水样总 α 放射性体积活度，Bq/L；

　　　R_x——样品源总 α 计数率，s^{-1}；

　　　R_0——本底总 α 计数率，s^{-1}；

　　　R_S——标准源的总 α 计数率，s^{-1}；

　　　m——样品蒸干、灼烧后的残渣总质量，mg；

　　　α_S——标准源的总 α 放射性活动浓度，Bq/g；

　　　m——样品蒸干、灼烧后的残渣总质量，mg；

　　　V——取样体积，L；

　　1.02——校正系数，即 1020mL 酸化样品相当于 1000mL 原始样品。

（2）实验结果记录到表 3-7。

表 3-7　环境水样的总 α 放射性测量数据

总 α 放射性											
测次	1	2	3	4	5	6	7	8	9	10	平均值
样品 1											
样品 2											
样品 3											

3.7.7 实验要求

（1）实验指导老师对 BH1216 型低本底 α、β 测量仪的组成、结构、工作原理及功能做简单的介绍，并演示测试实验过程。

（2）按组分别进行实验并对实验数据进行分析。

3.7.8 实验注意事项

（1）对被测样品的要求：均匀，不含挥发性物质，若在样品中添加有腐蚀性物质（如 HNO_3 溶液），测量前需在 300℃ 以上灼烧半小时以上。

（2）仪器本底值由仪器管理员负责测量。

（3）仪器本底、效率质控图由仪器管理员负责测量。

（4）计算机的操作应遵守"计算机使用规定"。

（5）使用人员必须服从仪器管理员的指导，不得擅自改变仪器参数。

3.7.9 思考题

水中总 α、总 β 放射性分析质量保证和质量控制措施包含哪些内容？

3.7.10 补充知识

表 3-8 列出了自来水，地表水，地下水，伴生放射性矿物冶炼企业处理前废水、处理后废水中残渣量范围。

表 3-8 不同水体中残渣量范围

序号	样品类别	残渣量范围/(g/L)	平均值和标准偏差/(g/L)	样品数
1	自来水	0.12~0.44	0.24±0.09	23
2	地表水	0.10~1.35	0.43±0.25	288
3	地下水	0.16~1.01	0.42±0.21	15
4	处理前废水	0.20~216.10	28.5±59.9	40
5	处理后废水	0.093~28.700	2.0±3.8	72

实验 3.8
荧光法测试环境水样痕量铀浓度

3.8.1 实验目的

通过使用 WGJ-Ⅲ型微量铀分析仪分析环境水样痕量铀浓度，掌握其工作原理、组成结构及分析流程。

3.8.2 实验原理

在 pH 6~7 环境下，铀酰离子（UO_2^{2+}）与荧光增强剂生成具有高荧光效率的络合物，受紫外光照射可产生荧光。荧光物质的稀溶液产生的荧光强度与荧光物质的浓度成正比，通过测定溶液荧光强度得到溶液中铀含量。钍、铁、磷酸三丁酯、乙醇等可造成荧光淬灭，对测定有干扰，可采取溶剂萃取技术消除。本方法适用于教学和科研中水体中痕量铀的测定，测定范围为 $5.0 \times 10^{-8} \sim 1 \times 10^{-4}$ g/L。重复性条件下，本方法 6 次独立测定结果的相对标准偏差优于 15%。

3.8.3 实验内容

学习使用 WGJ-Ⅲ型微量铀分析仪测量环境水样中的铀质量浓度。

3.8.4 实验仪器和材料

WGJ-Ⅲ型微量铀分析仪（图 3-2）、离心机、石英荧光比色皿、电子天平、控温电炉、容量瓶、马弗炉、移液器。

图 3-2　WGJ-Ⅲ型微量铀分析仪

除非另有说明，在分析中仅使用确认为分析纯的试剂和去离子水。八氧化三铀（U_3O_8），GBW04201，$w(U)=84.751\% \pm 0.020\%$。使用前应在 850～900℃灼烧 4h 后，置于干燥器中备用。硝酸（HNO_3），$M_r=63.01$，$d=1.42g/mL$，$w(HNO_3)=65\%～68\%$。

3.8.5　实验方法和步骤

（1）配制溶液

① 配制硝酸溶液。$c(HNO_3)=6.0mol/L$。

② 配制铀溶液。准确称取八氧化三铀 0.295g（准确至 0.1mg）于 50mL 的烧杯中，用 $c(HNO_3)=6.0mol/L$ 硝酸溶解后置于 250mL 的容量瓶中，用去离子水定容至刻度，摇匀，得到铀标准储备溶液，$\rho(U)=1.00g/L$。取 1.00g/L 铀标准储备溶液 1.00mL 置于 1000mL 容量瓶中，用 6.0mol/L 硝酸稀释至刻度，摇匀，得到铀标准工作溶液 A，$\rho(U)=1.0 \times 10^{-3}g/L$。取 $1.0 \times 10^{-3}g/L$ 铀标准工作溶液 A 1.0mL 置于 1000mL 容量瓶中，用 6.0mol/L 硝酸稀释至刻度，摇匀。

（2）测量

① F_0：空白值记读数为 F_0。

② F_1：准确移取 5.0mL 供试溶液于 5.0mL 荧光比色皿中，向荧光比色皿加入 0.5mL 荧光增强剂，搅匀。将荧光比色皿放在微量铀分析仪上测量其荧光强度（F_1）。

③ F_2：继续向荧光比色皿中加入 0.005mL 铀标准工作溶液 B，搅匀，测量其荧光强度（F_2）。

④ 平行测定两次。

3.8.6　实验结果

试样中微量铀的含量按式(3-2)计算。

$$C=\frac{F_1-F_0}{F_2-F_1} \times \frac{a}{b} \times k \tag{3-2}$$

式中　F_0——首先向比色管中加入 b mL 待测样品后，测得的荧光计数（空白值），取值应
　　　　　为仪器三次读数的平均值；

　　　　F_1——当向待测样品中加入 0.5mL 荧光增强剂后，测得的荧光计数，取值应为仪器

三次读数的平均值；

F_2——当加入 a mL 铀标准工作溶液后，测得的荧光计数，取值应为仪器三次读数的平均值；

a——铀标准工作溶液加入体积，mL；

b——待测样品溶液加入体积，mL；

k——铀标准工作溶液的浓度，ng/mL；

C——待测样品溶液中铀的浓度，ng/mL。

数据计算按 GB/T 8170 进行修约，结果保留三位有效数字，以两次测定结果的平均值报出。表 3-9 给出了荧光法测定水体中微量铀的分析记录样式。

表 3-9 放射性溶液中微量铀的测定荧光法分析记录

编号	原始样品稀释倍数	荧光法检测溶液中铀的浓度							原始样品铀的浓度/(mg/L)
		待测样品加入		铀标准工作溶液加入	荧光计数			待测样品 C /(ng/mL)	
		体积 b /mL	浓度 k /(ng/mL)	体积 a /mL	F_0	F_1	F_2		

3.8.7 实验要求

（1）实验指导老师对 WGJ-Ⅲ型微量铀分析仪的组成、结构、工作原理及功能做简单的介绍，并演示测试实验过程。

（2）按组分别对未知浓度水样的铀离子浓度进行测试，并对数据进行分析。

3.8.8 实验注意事项

铀溶液具有一定的化学毒性，实验过程中不可随意乱倒，应统一集中倾倒于废液桶中。

3.8.9 思考题

铀酰离子的荧光强度与质量浓度有什么关系？

3.8.10 补充知识

下列术语和定义适用于本方法。

（1）荧光

光致发光的一种。在分子或原子受具有特征波长的光照射被激发后，再以光的形式辐射能量的过程中，如果发光最初的状态与发光结束时的状态其电子多重度相同，则称为荧光。通常荧光是从第一激发单线态（S_1）回到基态单线态（S_0）的光辐射。荧光发射是各向同性的，属冷激发发光。

（2）荧光淬灭（剂）

激发态的荧光分子（基团）通过各种外转换过程失去能量使荧光强度降低的现象。如果荧光物质以外的其他物质存在时使其荧光淬灭，则该物质被称为淬灭剂。

（3）荧光（分析）法

使用一种特制的荧光增强剂，其会与目标离子（如铀酰离子）通过络合生成具有高荧光效率的单一络合物。该络合物受到紫外光照射后，将产生荧光，且荧光强度与目标离子的浓度成正比，从而实现对目标物定量分析的一种方法。

（4）荧光增强剂（荧光素）

一种大幅度提高荧光产额或荧光效率的荧光性染料，或与弱荧光物质结合（络合）而生成强荧光物质的荧光试剂。代表性的荧光增强剂是弗路兰，目前常见的荧光增强剂是采用焦磷酸盐配制的一种混合溶液，常用于痕量铀的测定。

实验 3.9
比色法分析水样中低浓度铀

3.9.1　实验目的

通过使用 UV-2800 紫外-可见分光光度计，掌握比色法测试水样中铀浓度的分析方法。

3.9.2　实验原理

在 0.1mol/L 硝酸介质中，铀酰离子（UO_2^{2+}）和偶氮氯膦Ⅲ络合生成紫红色的络合物，该络合物在 670nm 处有最大吸收，测定其吸光度，依据朗伯-比尔定律可得到试样中的铀含量。本方法适用于教学和科研中水体微量铀的测定。测定范围为 0.002～5g/L。重复性条件下，6 次独立测定结果的相对标准偏差优于 10%。

3.9.3　实验内容

学习使用 UV-2800 紫外-可见分光光度计测量低浓度铀。

3.9.4　实验仪器和材料

UV-2800 紫外-可见分光光度计（图 3-3）测量波长 380～900nm，光谱带宽 2nm，其他技术指标应符合 JJG 178 规定的 Ⅱ 级（含）以上要求。比色皿：1cm、3cm。天平：感量 0.1mg。离心机：转子容量 10mL×64000r/min，转速可调。旋涡混合器。萃取管：10mL。分液漏斗：500mL。容量瓶：25mL、100mL、250mL、1L，容量允差应符合 JJG 196 规定的 A 级要求。移液管：1mL、2mL、5mL，容量允差符合 JJG 196 规定的 A 级要求。

除非另有说明，在分析中仅使用确认为分析纯的试剂和去离子水。乙二胺四乙酸二钠（$C_{10}H_{14}N_2Na_2O_8 \cdot 2H_2O$），EDTA 二钠，$M_r = 372.24$，$w(C_{10}H_{14}N_2Na_2O_8) \geqslant 99.0\%$。偶氮氯膦Ⅲ（$C_{22}H_{16}Cl_2N_4O_{14}P_2S_2$），$M_r = 757.4$。无水碳酸钠（$Na_2CO_3$），$M_r = 105.99$，$w(Na_2CO_3) \geqslant 99.8\%$。硫酸亚铁（$FeSO_4 \cdot 7H_2O$），$M_r = 278.02$，$w(FeSO_4 \cdot 7H_2O)$

图 3-3　UV-2800 紫外-可见分光光度计

$\geqslant 99.0\%$。八氧化三铀（U_3O_8），GBW04201，$w(U)=84.751\% \pm 0.020\%$（使用前应在 $850\sim900℃$ 灼烧 4h 后，置于干燥器中备用）。硝酸钠（$NaNO_3$），$M_r=84.99$，$w(NaNO_3)$ $\geqslant 99.0\%$。硝酸（HNO_3），$M_r=63.01$，$d=1.42g/mL$，$w(HNO_3)=65\%\sim68\%$。磷酸三丁酯 $[(C_4H_9)_3PO_4]$，$M_r=266.31$，$d\geqslant0.974g/mL$，$w[(C_4H_9)_3PO_4]\geqslant98.5\%$。二甲苯（$C_8H_{10}$），$M_r=106.16$，$d=0.86g/mL$，$w(C_8H_{10})\geqslant99.0\%$。氨基磺酸（$HSO_3NH_2$），$M_r=97.09$，$w(HSO_3NH_2)\geqslant96.0\%$。碳酸钠溶液，$w(Na_2CO_3)=5\%$。

3.9.5　实验方法和步骤

（1）配制溶液

① EDTA 二钠溶液，$w(C_{10}H_{14}N_2Na_2O_8)=1\%$。

称取 11.07g EDTA 二钠溶于 300mL 水，转移定容至 1L 容量瓶。

② 偶氮氯膦Ⅲ溶液，$w(C_{22}H_{16}Cl_2N_4O_{14}P_2S_2)=0.025\%$。

称取 0.25g 偶氮氯膦Ⅲ溶于 200mL 水，转移定容至 1L 容量瓶。

③ 氨基磺酸亚铁溶液，$c(Fe)=0.3mol/L$。

称取 4.2g 硫酸亚铁和 2.9g 氨基磺酸溶于 50mL 0.2mol/L 硝酸溶液中，储存。

④ 硝酸溶液。

$c(HNO_3)=1.0mol/L$，$c(HNO_3)=6.0mol/L$，$c(HNO_3)=0.5mol/L$，$c(HNO_3)=4.0mol/L$，$c(HNO_3)=0.1mol/L$，由硝酸 $[M_r=63.01$，$d=1.42g/mL$，$w(HNO_3)=65\%\sim68\%]$ 配制。

⑤ 盐析剂。

称取 38.2g 硝酸钠，用水（不超过 60mL）溶解后，转移至 100mL 容量瓶中，再加入 26.0mL 硝酸 $[M_r=63.01$，$d=1.42g/mL$，$w(HNO_3)=65\%\sim68\%]$，摇匀，用水定容至 100mL。

⑥ 磷酸三丁酯，3+7。

将磷酸三丁酯和二甲苯按体积比为 3∶7 在分液漏斗中混合，用 5% 碳酸钠处理三次，用水洗至中性，再用 1.0mol/L 硝酸溶液处理三次，最后用水洗至中性，澄清后弃去水相，储入瓶中备用。

⑦ 铀标准储备溶液，$\rho(U)=1.00g/L$。

准确称取 0.295g（准确至 0.1mg）在 $850\sim900℃$ 灼烧后的八氧化三铀于 50mL 的烧杯中，用 6.0mol/L 硝酸溶液溶解后转入 250mL 的容量瓶中，用 0.5mol/L 硝酸溶液定容，摇匀。

⑧ 铀标准工作溶液，$\rho(U)=10.0\mu g/mL$。

准确移取 1.00g/L 铀标准储备溶液 1.0mL 于 100mL 容量瓶中，用 0.5mol/L 的硝酸溶液定容，摇匀。

（2）绘制工作曲线

① 分别移取 0mL、0.5mL、1.0mL、1.5mL、2.0mL、3.0mL、4.0mL 铀标准溶液（10.0μg/mL）于 25mL 容量瓶中，使各容量瓶中的铀含量分别为 0μg、5μg、10μg、15μg、20μg、30μg、40μg。

② 于各容量瓶中分别加入 1.0mL EDTA 二钠溶液，摇匀。

③ 再加入 2.0mL 偶氮氯膦Ⅲ溶液，摇匀后，用硝酸（0.1mol/L）定容。

④ 选用 1cm 比色皿，以试剂空白作为参比，在波长 670nm 处测量各容量瓶中试液的吸光度。

⑤ 重复测量①～④步骤两次，以加入的铀量为横坐标，三次吸光度的平均值为纵坐标，绘制工作曲线，工作曲线的相关系数应大于 0.99。

（3）铀回收率的测定

① 准确移取 1.0mL、2.0mL 铀标准储备溶液（1.00g/L）分别转入 2 个 10mL 萃取管中。

② 于两个萃取管中依次加入 2 滴氨基磺酸亚铁溶液（0.3mol/L）、1.0mL 盐析剂，摇匀，加入硝酸（4.0mol/L）至 4.0mL。

③ 继续向萃取管中加入 1.0mL 磷酸三丁酯溶液（3+7），振荡萃取 3min，离心分相，弃去水相。

④ 于有机相中加入 2 滴氨基磺酸亚铁溶液（0.3mol/L）、1.0mL 盐析剂，洗涤 30s，离心分相，弃去水相。

⑤ 于有机相中加入 2.0mL 水，反萃 3min，离心 1min，分相后，水相转入 25mL 容量瓶中。以碳酸钠溶液代替水重复本步骤一次。

⑥ 以下按照绘制工作曲线的②～④步骤进行。

⑦ 在工作曲线上查得铀的含量。

⑧ 按式(3-3)计算铀的回收率。取两个标准溶液测定结果的平均值作为铀的回收率。

（4）样品测定

① 一般水相样品

a. 准确移取 0.2～1.0mL 试样 2 份于 25mL 容量瓶中。

b. 以下按照绘制工作曲线的②～④步骤进行。

c. 由测定的吸光度在工作曲线上查得铀含量。

d. 平行测定两次。

② 有机溶液

a. 准确移取 1.0mL 有机相样品 2 份于 2 个 10mL 萃取管中。

b. 以下分析步骤按照铀回收率的测定④～⑦步骤进行。

c. 平行测定两次。

3.9.6 实验结果

（1）铀的化学回收率按式(3-3)计算。

$$\eta = \frac{m_0}{m_s} \times 100\%\qquad(3\text{-}3)$$

式中　η——铀的化学回收率，%；

　　m_0——工作曲线上查得的铀量，μg；

　　m_s——铀标准溶液中含有的铀量，μg。

（2）试样中微量铀的含量按式(3-4)计算。

$$\rho = \frac{m \times n}{1000 \times V \times \eta}\qquad(3\text{-}4)$$

式中　ρ——试样中铀的含量，g/L；

　　m——工作曲线查得的铀量，μg；

　　n——样品稀释倍数；

　　V——测定的样品体积，mL；

　　η——铀的化学回收率，%，仅对实施萃取、反萃操作的样品适用。

数据计算按 GB/T 8170 进行修约，结果保留三位有效数字，以两次测定结果的平均值报出。

（3）实验结果记录到表3-10。

表 3-10　吸光度测量数据

吸光度					
样品浓度/(g/L)					

3.9.7　实验要求

实验指导老师对 UV-2800 紫外-可见分光光度计的组成、结构、工作原理及功能做简单的介绍，并演示测试实验过程。

3.9.8　实验注意事项

铀溶液具有一定的化学毒性，实验过程中不可随意乱倒，应统一集中倾倒于专属废液桶中。

3.9.9　思考题

对于有机样品，铀萃取的原理是什么？

实验 3.10
钴离子浓度的测试与分析

3.10.1　实验目的

（1）掌握钴离子的监测方法原理。

(2) 能正确使用分光光度计，熟悉分光光度计的特点。

(3) 熟练进行数据的测试、分析及处理。

3.10.2 实验原理

分光光度法中，光线透过测试样品后，样品的吸光度与样品的浓度成正比。可通过 721 型分光光度计测量样品的吸光度，得出样品的浓度。在 pH 为 9 的缓冲介质中，Co^{2+} 与二甲氨基苯基荧光酮迅速形成络合物，其最大吸收波长位于 560nm。

3.10.3 实验内容

(1) 学习使用 721 型分光光度计。

(2) 利用 721 型分光光度计检测废水中钴离子浓度。

3.10.4 实验仪器和材料

721 型分光光度计（图 3-4）、比色皿、容量瓶、烧杯、移液枪、玻璃棒、移液管、量筒、计算机。钴标准储备液 0.1mg/L，稀释为 5μg/mL 的标准溶液。二甲氨基苯基荧光酮：1.0×10^{-4} mol/L。吐温 80：4.0×10^{-3} mol/L。缓冲体系：pH=9。

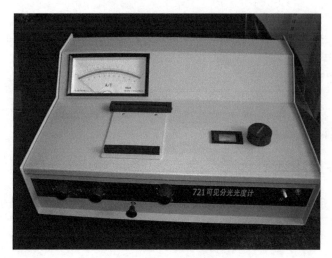

图 3-4 721 型分光光度计

3.10.5 实验方法和步骤

(1) 溶液的配制

① 取 6 只 25mL 容量瓶，编号 0、1、2、3、4、5，以编号 0 为试剂空白作为参比。

② 1~5 号容量瓶依次等量加入 5.0mL pH=9 的缓冲溶液、2.5mL 1.0×10^{-4} mol/L 的二甲氨基苯基荧光酮溶液、5.0mL 吐温 80 溶液。

③ 再分别取 Co^{2+} 标准溶液 2.00mL、4.00mL、6.00mL、8.00mL、10.00mL 于 1~5 号容量瓶中，浓度为 0.4μg/mL、0.8μg/mL、1.2μg/mL、1.6μg/mL、2.0μg/mL。

（2）分光光度计测定

① 连接电源，确保仪器供电电源有良好的接地性能。

② 仪器尚未接通电源时，电表指针必须位于"0"刻线上。

③ 接通电源，使仪器预热 20min。

④ 将电源开关接通，打开比色皿暗箱，旋动波长旋钮，设置实验所需的分析波长。

⑤ 灵敏度挡最小，调"0"，然后将比色皿暗箱合上，旋转调 100％透光度，使电位器指到满度，仪器预热 20min。

⑥ 放大器灵敏度有五挡，逐步增加，"1"挡最低，原则保证空白挡良好调到"100"，尽可能使用最低挡，这样仪器将有更高的稳定性，灵敏度不够时，逐步升高挡，但变灵敏度需重调零和调满。旋动波长旋钮，设置实验所需的分析波长。

⑦ 预热后，连续几次调零和调满。打开样品室盖，将盛有溶液的比色皿分别插入比色皿槽中，再盖上样品室盖。

⑧ 将参比样品拉入光路中，盖上样品室盖，将透射比 T 调到 100％。当不同溶液在同一波长下进行测试时，参比溶液透射比 T 只需调一次即可，而当分析波长改变时，则需要重新在相应波长下将参比样品透射比 T 调至 100％。

⑨ 样品溶液测试。将被测样品拉入光路中，透射比 T 调至 100％，这时便可从指针盘读出样品的透光度 T 或吸光度 A。

⑩ 关机。实验完毕，切断电源，将比色皿取出洗净，并将比色皿座架用软纸擦净。进行数据分析处理。

3.10.6　实验结果

实验结果记录到表 3-11。

表 3-11　吸光度测量数据

吸光度					
样品浓度/(mg/L)					

3.10.7　实验要求

（1）实验指导老师对 721 型分光光度计的组成、结构、工作原理及功能做简单的介绍，并演示测试实验过程。

（2）实验中注意试剂的配制、移取、参数的选择等操作，仪器的操作规范。

3.10.8　实验注意事项

（1）开机前必须检查流动注射仪与分光光度计的连接是否正确。

（2）严禁在开机状态下插拔流动注射仪与计算机的数据连接线。

3.10.9　思考题

吸光度和被测浓度之间有什么关系？

实验 3.11
硒离子浓度的测试与分析

3.11.1 实验目的

（1）^{79}Se 是造成酸性矿山废水（AMD）中的水污染的主要微量元素之一，在水环境中，硒主要是以硒酸盐 Se(Ⅵ) 和亚硒酸盐 Se(Ⅳ) 的形式存在，对人体毒性较大，环境中 Se 过量或缺乏均会导致机体产生疾病，危害作物的生长发育，引起人类、牲畜和海洋动物的神经系统紊乱，指甲和头发脱落，严重的会导致胚胎突变、胎儿畸形，甚至引发癌症，对人体的危害很大。本实验通过对未知浓度含 Se 废液中 Se 浓度的测定，掌握一种对 Se 定性定量的检测方法。

（2）电感耦合等离子体-原子发射光谱仪（ICP-OES），可对待测样品中七十多种金属元素和部分非金属元素进行定性、定量分析，适用于地质、环保、化工等各方面的元素检测，完成数据采集。该设备高效稳定，能够连续、快速进行多种元素的测定，并具备高精准度。并且获得的工作谱线线性关系强且线性范围广。实验数据可通过与设备相连的计算机直观显示，实验结果可直接读出，十分方便。本实验的目的是通过使用 ICP-OES，熟悉该设备的组成、结构、工作原理及操作细节，从而能够熟练使用并完成实验目标。

3.11.2 实验原理

ICP-OES 中电感耦合等离子体焰炬温度可达 $6000 \sim 8000$K，当将样品由进样器引入雾化器，并被在氩气气氛下带入焰炬时，试样中组分被原子化、电离、激发，以光的形式发射出能量。不同元素的原子在激发或电离时，发射不同波长的特征光谱，故根据特征光的波长可进行定性分析。元素的含量不同时，发射特征光的强弱也不同，据此可进行定量分析。

3.11.3 实验内容

（1）学习使用 ICP-OES。
（2）利用 ICP-OES 测试样品 Se 元素的浓度。

3.11.4 实验仪器和材料

美国热电 ICP 光谱仪 iCAP 7000 系列 ICP-OES（图 3-5）：可测 78 种元素。测试浓度范围：$1 \sim 20$mg/L。

3.11.5 实验方法和步骤

（1）溶液的配制：配制不同浓度梯度含 Se 的溶液。
（2）样品处理：将所取样品过滤、稀释，以达到检测标准（10mg/L 以下）。

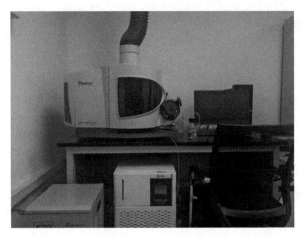

图 3-5 ICP-OES

（3）配制标曲：配制不同浓度梯度的 Se 的标准溶液（1mg/L、2mg/L、5mg/L、10mg/L、20mg/L）。

（4）开机：打开氩气气瓶，向仪器通入氩气。打开稳压电源后开启实验设备，打开仪器所用软件。打开通风口进行仪器预热。

（5）仪器状态：打开软件中仪器的状态面板，确认仪器状态正常。待光室温度达到 38℃时，打开冷凝设备进行冷却，等待光室温度降低至－46℃。

（6）驱动泵检查：检查驱动泵上的进液管及出液管是否绷紧。

（7）等离子体开启：打开等离子体开启面板开启等离子体。

（8）设备参数检查：等离子体开启完毕后，检查纠错波长是否在±3nm 之间。

（9）标准曲线建立：构建 Se 元素的标准曲线，选取拟合程度最高的光谱。

（10）测试样品：对采集样品进行测试，检测其所含 Se 元素的浓度。

（11）数据分析：对测试报告进行分析。

3.11.6　实验结果

实验结果记录到表 3-12。

表 3-12　光谱测量数据

光谱					
样品浓度/(mg/L)					

3.11.7　实验要求

（1）实验指导老师对 ICP-OES 的组成、结构、工作原理及功能做简单的介绍，并演示测试实验过程。

（2）使用称重法稀释溶液，将稀释前的质量和稀释后的质量记录下来（稀释之后的浓度乘以稀释的倍数即可得到原溶液的浓度）。

（3）构建 Se 元素标准曲线，测试样品中所含 Se 元素的浓度。

3.11.8 实验注意事项

（1）Se 的溶液具有一定的化学毒性，实验过程中不可随意乱倒，应统一集中倾倒于废液桶中。

（2）ICP-OES 十分精密，操作人员必须有足够的操作经验，并需在指导老师的监督下进行操作。

3.11.9 思考题

元素的含量与发射特征光的强弱之间有什么关系？

实验 3.12
分光光度法监测水样中碘离子浓度

3.12.1 实验目的

（1）^{129}I 是一种半衰期长、毒性大、迁移性高的关键裂片核素，一旦迁移进入地下水会对生态环境及人类健康构成潜在危害。本实验通过对未知浓度含碘废液中碘离子浓度的测定，掌握一种碘离子的检测方法。

（2）UV-2800 紫外-可见分光光度计由美国 UNICO 和英国剑桥 CAMSPEC 联合设计。该仪器功能强大，如光谱扫描、动力学测试、多波长测试、建立标准曲线、定量测试、定性测试、脱氧核糖核酸/蛋白质测试。该仪器可在 $190\sim1100nm$ 范围内进行测试，可检测最大浓度小于 $20mg/L$。本实验通过使用该设备，熟悉 UV-2800 大屏幕扫描型紫外-可见分光光度计的组成、结构、工作原理及功能。

3.12.2 实验原理

紫外分光光度计，就是根据物质的吸收光谱研究物质的成分、结构和物质间相互作用的有效手段。紫外分光光度计可以在紫外-可见光区任意选择不同波长的光，由于各种物质具有各自不同的分子、原子和不同的分子空间结构，其吸收光能量的情况也就不会相同，因此，每种物质就有其特有的、固定的吸收光谱曲线，可根据吸收光谱上的某些特征波长处的吸光度的高低判别或测定该物质的含量。

3.12.3 实验内容

（1）学习使用 UV-2800 紫外-可见分光光度计。

（2）利用紫外-可见分光光度计检测废水中碘离子浓度，并学会建立碘标准浓度曲线。

3.12.4 实验仪器和材料

UV-2800 紫外-可见分光光度计（图 3-3）、放射性废水（实验室配制模拟汉福德受污染的地下水。I^- 浓度＜100mg/L。内含 15.3mg/L 的 $H_2SiO_3 \cdot nH_2O$、8.20mg/L 的 KCl、13.0mg/L 的 $MgCO_3$、15.0mg/L 的 NaCl、64.0mg/L 的 $CaSO_4$、150mg/L 的 $CaCO_3$）。

3.12.5　实验方法和步骤

（1）样品检测

① 清洗比色皿：手持比色皿的毛玻璃侧，用纯水反复冲洗干净。

② 开机：打开仪器后侧的开关，并预热 15min，待仪器检查完毕。

③ 进入操作界面：打开电脑并打开 UV28 Serial 软件，进入界面后选择 Com3 串口号，在仪器的设备控制面板点击"Enter"进行连接。

④ 建立基线：将比色皿盛 4/5 纯水后放入样品槽中，在"附属功能"菜单下单击"建立仪器基线"，选择"起始波长"为 600nm、"终止波长"为 190nm，单击"扫描"开始。

⑤ 测试选择：在"应用程序"菜单下单击"定性测量"，选择"起始波长"为 600nm、"终止波长"为 190nm，单击"扫描"。

⑥ 样品测试：将样品稀释 5 倍后加入比色皿并放入样品槽，单击"扫描"开始，扫描结束后移动鼠标至 226nm 的位置，记录下 226nm 处的吸光度。

⑦ 数据保存：单次测试结束后，在"文件"菜单下单击"保存测试"，保存为默认格式。

（2）建立碘标准曲线

① 配制浓度分别为 1.5mg/L、3.1mg/L、4.6mg/L、6.1mg/L、7.7mg/L、9.2mg/L、10.7mg/L 的 I^-。

② 分别检测不同浓度的 I^- 所对应的吸光度，重复上述步骤（1）样品检测中的⑥、⑦操作。

③ 通过 origin 软件进行数据拟合，输入浓度和对应吸光度，进行线性拟合。将浓度键入 X 轴、吸光度键入 Y 轴，选中数据点击左下角绘制散点图，随后单击选中点，并依次选择"Analysis"菜单下的"fitting"—"linear fit"并拟合。

④ 所得线性相关系数 R 应大于 0.99，从拟合图的数据框中记录"Intercept"和"Slope"后的数据，分别为截距 a 和斜率 b。

⑤ 根据公式 $Y=a+bX$，其中 Y 为吸光度、X 为浓度，进行浓度的计算，所得浓度需乘稀释倍数即是初始样品的浓度。

3.12.6　实验结果

实验结果记录到表 3-13。

表 3-13　吸光度测量数据

吸光度									
样品浓度/(mg/L)									

3.12.7　实验要求

（1）实验指导老师对 UV-2800 紫外-可见分光光度计的组成、结构、工作原理及功能做简单的介绍，并演示测试实验过程。

（2）按组分别进行对未知浓度含碘废水中碘离子浓度的测试。

3.12.8　实验注意事项

（1）废水具有一定的化学毒性，实验过程中不可随意乱倒，应统一集中倾倒于废液桶中。

（2）为确保实验仪器的完好，实验过程中，实验人员有责任对所用设备进行保护。

3.12.9　思考题

碘离子的吸光度与含量之间有什么关系？

第4部分

放射性废物处理与处置探索性实验

实验 **4.1**
絮凝沉淀法处理模拟低放废水

4.1.1　实验目的

（1）掌握絮凝沉淀的原理。
（2）能利用絮凝沉淀法对模拟低放废水进行净化处理。
（3）掌握铁氧体共沉淀法处理模拟低放废水的实验操作技术。

4.1.2　实验原理

絮凝沉淀法具有处理工艺相对简单、操作方便、成本较低、除铀效果好的优点，应用广泛，适合含铀废液的净化处理以及浓缩。

放射性核素在溶液中多以离子或胶体的形式存在，可通过絮凝沉淀法将它们去除。离子态的核素可以通过加入另外一种离子或化合物使其转变成不溶或者是难溶的化合物。如：

$$UO_2^{2+} + 2OH^- \longrightarrow UO_2(OH)_2 \downarrow \ (K_{sp} = 3.47 \times 10^{-23}) \tag{4-1}$$

$$2UO_2SO_4 + 6NH_4OH \longrightarrow (NH_4)_2U_2O_7 \downarrow + 2(NH_4)_2SO_4 + 3H_2O(pH > 7.0) \tag{4-2}$$

$$Fe^{3+} + 3OH^- \longrightarrow Fe(OH)_3 \downarrow \ (K_{sp} = 2.79 \times 10^{-39}) \tag{4-3}$$

只有当溶液中离子浓度的乘积大于沉淀物的溶度积常数 K_{sp} 时，才会有沉淀生成。当废液中目标核素离子浓度极低时，可通过加入外来阳离子，并加入另外一种物质（沉淀剂）使外来阳离子发生沉淀反应生成难溶性化合物（称为载体），此时，溶液中所存在的目标核素离子也会被同时沉淀下来，我们把这一现象称为共沉淀。载体通常为非放射性物质，其对目标核素离子的作用主要为吸附和载带。

4.1.3　实验内容

使用絮凝沉淀法对含有机、含铀废水进行深度净化处理，计算铀和有机物（化学需氧量，COD）的去除率，评价此处理方法的效果与特点。

4.1.4 实验仪器和材料

六水硝酸铀酰、氨水、聚乙烯醇、尿素、四氢糠醇、七水硫酸亚铁、硫酸铁、氢氧化钠、磁力搅拌子、磁力搅拌器、250mL 烧杯、500mL 容量瓶、250mL 量筒。

4.1.5 实验方法和步骤

（1）500mL 模拟真实含铀废水的配制：参考表 4-1 所示的某厂含有机、含铀废水配方进行模拟含铀废水的配制，并作为处理对象备用，其中，铀的浓度为 100mg/L，COD 约为 26480mg/L（实际操作时，采用纯水溶解所有的成分，无须调节模拟含铀废液 pH 值，但须记录实际 pH 值大小）。

表 4-1 模拟核燃料元件有机低放废水的组成（pH= 9.3）

成分	铀	聚乙烯醇	尿素	四氢糠醇	COD
浓度/(mg/L)	100	800	1.73	8100	26480

（2）取 1 个 250mL 的烧杯，采用 250mL 量筒量取 100mL 上述模拟含铀废水倒入。

（3）接着，在磁力搅拌条件下，依次加入 0.2780g $FeSO_4 \cdot 7H_2O$ 和 1.5995g $Fe_2(SO_4)_3$（Fe^{2+}/Fe^{3+} 的物质的量比为 1：4），并剧烈搅拌 10min，然后，滴加 2mL 6mol/L 的 NaOH 水溶液（0.4800g，0.012mol），促使铁氧体反应发生并伴随铀发生共沉淀反应，观察实验现象并记录溶液颜色变化情况。

（4）将反应液置于室温条件下，继续剧烈搅拌 10min。

（5）最后，静置过夜，取上层清液进行浓度分析，记录剩余铀浓度并计算铀的去除率。

（6）上述沉淀实验进行重复实验，至少 2 次，实验结果取平均值并进行数据分析。

4.1.6 实验结果

实验过程的数据记录到表 4-2，数据分析结果记录到表 4-3。

表 4-2 过程记录表

序号	内容	数据记录			
		试剂	平行样 1	平行样 2	平行样 3
1	模拟铀溶液的配制	硝酸铀酰/g			
		聚乙烯醇/g			
		尿素/g			
		四氢糠醇/g			
		COD/(mg/L)			
		pH			
		铀的实际浓度/(mg/L)			
2	絮凝沉淀	$FeSO_4 \cdot 7H_2O$/g			
		$Fe_2(SO_4)_3$/g			
		NaOH/g			
3	上层清液浓度测试	铀的浓度/(mg/L)			
		COD 的浓度/(mg/L)			
		铁离子的浓度/(mg/L)			

表 4-3　数据分析结果表

序号	内容	数据记录		
		平行样 1	平行样 2	平行样 3
1	铀的去除率/%			
2	COD 的去除率/%			

4.1.7　实验要求

（1）实验前须熟悉整个实验步骤，包括浓度测试方法。

（2）注意二次废物按照实验室要求进行处理。

4.1.8　实验注意事项

（1）注意做好实验现象记录。

（2）注意 NaOH 的称量须采用烧杯，整个沉淀反应过程须在搅拌下进行。

4.1.9　思考题

（1）沉淀与共沉淀有何不同？

（2）絮凝沉淀法的优点和缺点包括哪些？

实验 4.2
离子交换法深度净化模拟低放废水

4.2.1　实验目的

（1）掌握离子交换法的原理。

（2）熟悉离子交换法对含铀低放废水的处理过程。

（3）掌握离子交换法处理含铀废水的实验操作方法（动态吸附实验）。

4.2.2　实验原理

离子交换法具有离子交换容量大、吸附速率快、可实现动态连续运行的优点，被广泛用于离子态放射性核素的净化处理以及分离纯化。

离子交换法是借助离子交换剂上的可交换离子与溶液中以离子形式存在的核素发生离子交换，从而使溶液中的核素离子被载带到离子交换剂上，从而实现废液中目标核素离子的去除。需要注意的是，离子交换过程是一种可逆的化学过程，包括两种交换机理：阳离子交换和阴离子交换，表示如下。

$$R—H+M^+ \Longrightarrow R—M+H^+（阳离子交换过程） \tag{4-4}$$

$$R—OH+N^- \Longrightarrow R—N+OH^-（阴离子交换过程） \tag{4-5}$$

反应式中，R 为骨架基体（多为苯乙烯-二乙烯苯的共聚物或碳纤维）；H^+（OH^-）为离子交换剂上可被交换的阳离子基团（阴离子基团）；M^+（N^-）为溶液中存在的阳离子（阴离子）。

以 201×7 强碱性阴离子交换树脂（R_2CO_3）处理碱性含铀废水为例。

在碱性水溶液中，铀是以碳酸铀酰络阴离子形式存在，它能与强碱性阴离子交换树脂发生阴离子交换，主要的化学反应过程为：

$$2RX + [UO_2(CO_3)_2]^{2-} \rightleftharpoons R_2[UO_2(CO_3)_2] + 2X^- \tag{4-6}$$

$$4RX + [UO_2(CO_3)_3]^{4-} \rightleftharpoons R_4[UO_2(CO_3)_3] + 4X^- \tag{4-7}$$

采用一定浓度的碳酸铵和碳酸氢铵对使用后的 201×7 强碱性阴离子交换树脂进行淋洗，可实现树脂的重复使用，此过程主要的化学反应过程为：

$$R_2[UO_2(CO_3)_2] + 2Y^- \rightleftharpoons 2RY + [UO_2(CO_3)_2]^{2-} \tag{4-8}$$

$$R_4[UO_2(CO_3)_3] + 4Y^- \rightleftharpoons 4RY + [UO_2(CO_3)_3]^{4-} \tag{4-9}$$

4.2.3　实验内容

（1）使用强碱性阴离子交换纤维净化含铀废水，正确搭建离子交换柱并运行系统，完成离子交换+淋洗动态实验过程。

（2）在仪器整个运行过程中对流出液中铀的浓度进行测量，绘制穿透曲线和淋洗曲线，评价处理结果。

4.2.4　实验仪器和材料

强碱性阴离子交换纤维（季铵盐型）；离子交换柱，高 10cm，柱身直径 1.7cm；蠕动泵（1～100mL/min）；250mL 分液漏斗；pH 计；250mL 锥形瓶；25mL、50mL 比色管；烧杯若干；铀溶液、碳酸钠、氯化钠。

4.2.5　实验方法和步骤

（1）取实际铀溶液或根据配方要求配制铀溶液，确定待处理的含铀废水浓度（10mg/L）和体积（3000mL），采用 0.1mol/L 的碳酸钠溶液调节铀溶液 pH=10.0～10.5。

（2）称取 4g 的离子交换纤维进行装柱，按要求搭建好动态吸附装置（单柱实验流程）。

（3）开启蠕动泵，以 5～10BV/h（1BV 为 1 倍柱体积）的速率依次注入 100mL 10%（质量分数）的 NaCl 溶液、100mL 水对纤维进行清洗。接着以同样流速注入已配好的含铀废水，并流经柱子，记录运行参数（运行时间、累积流量或体积），定时收集流出液（开始时数据点较密，当流出液中检测出铀时，数据点可适当均匀些）并进行铀浓度分析。

（4）当流出液中铀浓度为初始浓度的 0.9～1.0 倍时，停止注入铀吸附液，完成所有流出液的收集，绘制穿透曲线（y 为流出液中铀浓度，mg/L；x 为流出液体积，BV）并进行数据分析。

（5）以 10% 的 NaCl 溶液作为淋洗液（3 倍柱体积），进行离子交换纤维的淋洗，同样记录运行参数（运行时间、累积流量或体积），定时收集流出液，并进行铀浓度分析。

（6）当流出液中无铀检测出时，停止注入淋洗液，完成所有淋洗液的收集，绘制淋洗曲线（淋洗液中铀浓度，mg/L；淋洗体积，BV）并进行数据分析。

4.2.6　实验结果

根据表4-4所示进行实验数据记录，最后绘制相应的穿透曲线和淋洗曲线，计算离子交换纤维的动态铀饱和吸附容量（mg/g）。

表4-4　实验数据记录表

离子交换过程			淋洗过程		
实验条件	铀的初始浓度/(mg/L)		实验条件	蠕动泵流速/(mL/min)	
	pH			淋洗剂的质量/g	
	离子交换纤维/g			淋洗剂的体积/mL	
	蠕动泵流速/(mL/min)				
	柱子体积/mL				
序号	收集的流出液体积/mL（或工作时间/min）	铀的浓度/(mg/L)	序号	收集的流出液体积/mL（或工作时间/min）	铀的浓度/(mg/L)
1			1		
2			2		
3			3		
...			...		

4.2.7　实验要求

（1）熟练采用激光铀分析仪对水中的铀进行浓度测量。
（2）能对实验结果进行理论分析和工程技术评价，得出实验结论。

4.2.8　实验注意事项

实验开始后，中途不能停止运行蠕动泵，需坚持到铀的穿透或淋洗过程结束。

4.2.9　思考题

什么是穿透曲线、穿透点、吸附终点？

实验 4.3
低温蒸发法浓缩处理模拟低放废水

4.3.1　实验目的

（1）掌握低温蒸发法的原理。
（2）能采用低温蒸发法对放射性废水进行减容处理和冷凝液水质分析，计算减容倍数。

（3）熟练使用蒸发设备。

4.3.2　实验原理

蒸发浓缩是指借助外加热方式（通常采用水蒸气作为热源加热料液，把此水蒸气称为加热蒸汽或生蒸汽）使废液中的大量水分（挥发性溶剂）在高温下发生部分汽化（水加热后沸腾）产生二次蒸汽（指料液蒸发产生的蒸汽）逸出溶液，接着经过冷凝处理（排除二次蒸汽），获得大体积清洁的冷凝液，最后残留下含有放射性核素的浓缩液体（蒸发浓缩物、蒸残液，溶质的浓度增大）的过程（图 4-1），即将含有不挥发性溶质的溶液加热使其沸腾汽化并逸出蒸汽，最终使溶液体积减小、溶质浓度提高的单元操作。借助溶质的不挥发和溶剂的挥发性从而实现两者的有效分离，其实质是除去溶液中水（溶剂）的单元操作，旨在进行溶质与溶剂之间的分离，涉及汽-液平衡。

在溶液蒸发过程中将发生少量易挥发放射性核素（如氚、钌、碘等）进入蒸汽或者是少量放射性核素被雾沫夹带，最后随着二次蒸汽带出溶液的情况，这将会影响废液的去污效果，甚至是需要对冷凝液进行二次净化处理（蒸发、离子交换法）。在这里，外加热方式可采用余热或蒸汽作为热源。蒸发设备主要包括两部分：蒸发器和冷凝器。用于放射性废液蒸发处理的蒸发器主要有三类：釜式蒸发器、自然循环蒸发器（中央循环管式、外加热循环两种形式）和强制循环蒸发器（如刮膜蒸发器）。蒸发操作的目的有：①获得浓缩液；②除去溶剂。清洁的冷凝液可进行复用或做排放处理，而蒸残液（浓集有放射性核素）则需做进一步的固化处理，如水泥固化法。

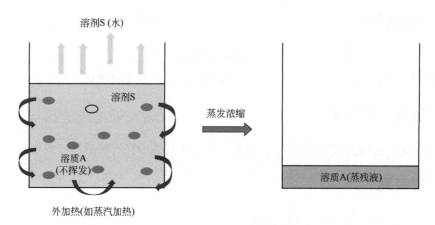

图 4-1　溶液蒸发浓缩示意图

4.3.3　实验内容

采用低温蒸发法对模拟核工业放射性废水进行浓缩处理，分析冷凝液是否满足流出物排放标准，计算减容倍数，评价此方法的特点。

4.3.4　实验仪器和材料

量筒、加热套、蠕动泵、冷凝管、循环水真空泵、pH 计、含氨氮废水等。

4.3.5 实验方法和步骤

（1）参照图 4-2，根据老师演示连接好本实验所用的低温蒸馏实验装置各个部件，并关闭阀门 $1^\#$、$4^\#$ 和 $5^\#$，打开其他所有阀门，观察真空泵是否显示正常，然后打开阀门 $5^\#$，关闭真空泵（气密性检查）。

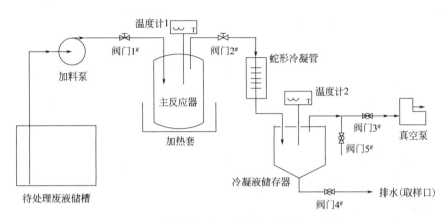

图 4-2　实验室型低温蒸发实验装置示意图

（2）然后，打开阀门 $1^\#$，关闭阀门 $5^\#$，启动加料泵，向主反应器泵入待处理料液（体积 1.5L，化学需氧量 COD 700mg/L，氨氮含量 18000mg/L，pH 7.50）。

（3）接着，关闭阀门 $1^\#$，向冷凝管通入冷却水，开启真空泵，操作压力（-0.08MPa 真空度）由真空泵和阀门 $3^\#$ 进行控制。

（4）启动加热套开关，设置加热温度 $T_0 \leqslant 80℃$，观察温度计 1 刻度变化，并定时记录（冷凝液体积每达 150mL 时，快速打开阀门 $4^\#$ 和 $5^\#$ 进行取样，后立即关闭阀门 $4^\#$ 和 $5^\#$）。

（5）主反应器中的水受热后蒸发产生蒸汽，蒸汽经冷凝管冷却后变成液体，收集于冷凝液储存器中。

（6）当温度计 1 刻度值下降且无冷凝液流出（或收集的冷凝液体积为原液体积的 $1/15 \sim 1/10$ 时）即可关闭加热套电源，待主反应器冷却至室温后，打开阀门 $5^\#$，关闭真空泵，关闭冷却水。

（7）打开阀门 $4^\#$，对冷凝液和主反应器中残留的液体（蒸残液）进行分析，对冷凝水（出水）的水质进行评价（pH、COD、氨氮值）。

（8）设置加热套加热温度值作为变量进行多组实验，计算减容倍数（$V_{原}/V_{蒸残液}$）。

4.3.6 实验结果

废液特征：待处理料液体积 $V =$ _____ L，COD = _____ mg/L。氨氮含量 = _____ mg/L。pH = _____。

开启加热套后（温度值 $T =$ _____ ℃，开始时刻：____时____分），每次实验主反应器温度变化记录到表 4-5。多次实验后，将测试结果总结记录到表 4-6。

表 4-5　蒸发处理系统实验数据结果（加热温度：　　　　　　℃；真空度：　　　　　　MPa）

序号	1	2	3	4	5	⋯
时刻/(时:分)						⋯
T_1/℃						
蒸残液的体积/mL				蒸残液的 COD/(mg/L)		
冷凝液的体积/mL				冷凝液的 COD/(mg/L)		

表 4-6　蒸发处理系统相关水质参数数据

项目	第 1 次	第 2 次	第 3 次	第 4 次
加热套温度/℃				
真空度/MPa				
处理体积/L				
一个周期运行的时间/min				
蒸残液的 COD/(mg/L)				
冷凝液的 COD/(mg/L)				
蒸残液的氨氮含量/(mg/L)				
冷凝液的氨氮含量/(mg/L)				
蒸残液的 pH				
冷凝液的 pH				
减容倍数				

4.3.7　实验要求

（1）实验结束后，蒸发器需清洗干净并擦干，以保持好的传热效率，提高使用寿命。

（2）实验装置运行后，禁止无人看管情况出现。

（3）选用国家标准《水质　化学需氧量的测定　重铬酸盐法》（HJ 828—2017）进行 COD 的检测。

（4）选用《水质　氨氮的测定　蒸馏-中和滴定法》（HJ 537—2009）进行氨氮值的检测。

（5）加热温度（真空度）选择参考值：100℃（−0.003MPa）、90℃（−0.027MPa）、85℃（−0.037MPa）、75℃（−0.053MPa）和 65℃（−0.065MPa）。

4.3.8　实验注意事项

（1）实验进行中，注意观察仪器运行参数是否正常，做好个人防护，戴上绝热手套，避免烫伤。

（2）实验结束后，蒸发系统需冷却至室温后才能进行拆卸。

4.3.9　思考题

（1）何种情况下将会影响蒸发器的去污效果？

（2）蒸发浓缩过程中需要注意哪些问题？

实验 4.4
真空膜蒸馏法处理模拟低放废水

4.4.1 实验目的

（1）掌握真空膜蒸馏（VMD）法的原理。
（2）能熟练使用聚四氟乙烯（PTFE）中空纤维膜组件搭建 VMD 实验。
（3）掌握 VMD 处理低放含铀废水的方法及净化效果评价。

4.4.2 实验原理

膜蒸馏（membrane distillation，MD）是一种新型的水处理膜分离方法，它是传统蒸馏工艺与膜分离技术相结合的一种液体分离技术。它采用的膜是不被料液所润湿的疏水微孔膜。在膜的一侧为待处理的热料液（热侧），在另一侧则是冷却剂（冷水或冷空气）（冷侧）。因为膜材料具有好的疏水性，水不能通过膜孔，但由于膜两侧存在一定的蒸汽压力差作为驱动力（ΔP），将促使水蒸气由高蒸汽压侧通过疏水膜的微孔扩散到低蒸汽压侧（其本质上是利用膜两侧的温度差作为驱动力，诱使热侧挥发性物质穿过膜孔发生凝结并积聚于冷侧）。总体而言，MD 过程主要包括三个步骤：①料液发生汽化流经膜；②汽化的水蒸气通过疏水膜发生扩散至膜的另外一侧；③水蒸气在低温侧冷凝为水。透过膜的水蒸气若采用真空泵抽入外置冷凝器中进行冷却为水，此装置称为真空膜蒸馏（vacuum membrane distillation，VMD），其工艺流程如图 4-3 所示。

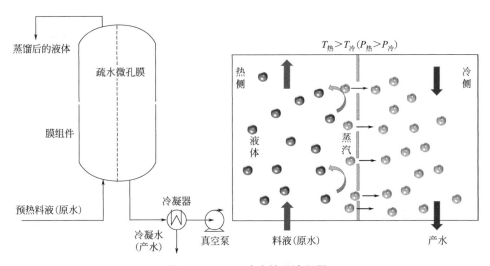

图 4-3　VMD 废水处理流程图

此外，根据馏出液在低温测收集方式的不同分类，膜蒸馏类型还包括直接接触式膜蒸馏、气隙式膜蒸馏和气扫式膜蒸馏。VMD 相比于其他 MD 过程具有更高的传质通量和更小的设备体积。

4.4.3 实验内容

使用聚四氟乙烯（PTFE）中空纤维膜组件搭建 VMD 装置，并对自来水、含铀放射性废水进行处理，通过计算膜通量（J）和铀的截留率（R），评价 VMD 处理含铀废水的效果。

4.4.4 实验仪器和材料

聚四氟乙烯（PTFE）中空纤维膜（膜丝外径 2.18mm，内径 1.35mm，孔隙率 27.4%，接触角 104.22°，膜孔径 0.22μm，膜厚度 0.42μm）、VMD 小型实验室装置、电导率仪、微量铀分析仪（图 4-4）、含铀废水等。

图 4-4　微量铀分析仪

4.4.5 实验方法和步骤

（1）先采用环氧树脂胶将中空纤维膜丝封装于圆柱状的膜元件内（膜孔径 0.22μm，长度 56cm，膜丝数量 50 根，有效膜面积 0.11m^2）。

（2）按照图 4-5 所示，连接好 VMD 实验装置的各个部分并检查设备运行是否正常。VMD 装置主要由三部分构成：热侧循环系统、疏水膜组件、真空冷凝收集系统。实验过程中，膜组件垂直放置。

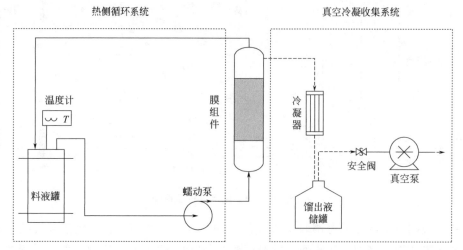

图 4-5　VMD 实验装置流程图

（3）运行条件参数：料液温度 75℃，料液流速 0.30m/s，真空度－0.090MPa。

（4）首先，将待处理料液（原水）加入反应器（料液罐）中并加热至所需温度 T。

（5）待温度读数稳定后，开启蠕动泵以管程（也就是膜丝内表面）的方式让热料液流经膜组件，待热侧循环系统运行稳定后，打开真空泵电源。

（6）在膜两侧蒸汽压差的驱动下，料液产生的水蒸气将穿过膜丝扩散到壳程（也就是膜丝外表面），穿透的水蒸气由真空泵带出膜组件，并经冷凝（外置冷却器）处理，得到冷凝液（产水）收集于馏出液储罐中，同时料液发生浓缩。

（7）自来水净化实验：以自来水（1L）作为待处理料液进行 VMD 水质净化处理。首先记录自来水电导率，开启实验装置，每隔 2h 测量一次原水和产水的电导率（μS/cm）。

（8）含铀废水净化实验：料液组成，铀的初始浓度 10mg/L，pH 9.7，1L。开启实验装置，每隔 10min 测量产水中铀的浓度，并记录产水的体积。采用如式（4-10）和式（4-11）计算膜通量 [J，L/(m^2·h)] 和铀的截留率（R，%），对装置的产水速率和目标核素的净化效果进行分析。

$$J = \frac{\Delta V}{A \Delta t} \tag{4-10}$$

$$R = \left(1 - \frac{C_{产}}{C_0}\right) \times 100\% \tag{4-11}$$

式中　J——膜通量，L/(m^2·h)；

　　　R——铀的截留率，%；

　　　Δt——时间间隔，h；

　　　ΔV——Δt 内产水的体积，L；

　　　A——膜组件有效膜面积，m^2；

　　　C_0——原料液中铀的浓度，mg/L；

　　　$C_{产}$——产水中铀的浓度，mg/L。

（9）最后，记录处理后料液的体积以及对处理后的料液和产水的电导率进行测试。

4.4.6 实验结果

自来水净化实验条件：料液体积：_____ L。料液温度：_____ ℃。料液流速：_____ m/s。真空度：_____ MPa。开始时间：____ 时____分。原水和产水电导率数据记录到表 4-7。

表 4-7　原水和产水的电导率数据结果

项目	1	2	3	4	5	6	7
时间/h	0	2	4	6	8	10	12
原水/(μS/cm)							
产水/(μS/cm)	—						

含铀废水净化实验条件：铀实际浓度：_____ mg/L。pH＝_____。电导率：_____ μS/cm。料液体积：_____ L。料液温度：_____ ℃。料液流速：_____ m/s。

真空度：_____ MPa。开始时间：____时____分。原水和产水中铀的浓度、产水体积数据记录到表 4-8。

表 4-8　含铀废水净化实验数据结果

序号	1	2	3	4	5	…
时间/min	0	10	20	30	40	…
产水中 C_U/(mg/L)	—					
产水 V/mL	—					
处理后料液的体积/mL				处理后料液的电导率/(μS/cm)		
处理完成后产水的体积/mL				处理完成后产水的电导率/(μS/cm)		

4.4.7　实验要求

（1）熟练使用激光铀分析仪进行水中铀浓度的测定，明确铀的检出限。

（2）须按要求定时取样进行测试。

（3）料液需保证澄清透明，无明显固体存在，否则需采用过滤器对料液进行过滤预处理。

（4）膜组件两端连接有具有良好密封性的软管，实验结束后须立即对膜组件进行拆卸和清洗，每次实验结束后需将膜组件烘干备用以确保膜不受潮。

（5）为了防止环境温度对系统的影响（存在热交换过程），须在热侧管道和膜组件外包裹具有良好隔热能力的保护棉。

（6）实验结束后，拆卸实验装置并立即清洗干净，如料液罐、蠕动泵、馏出液储罐。

4.4.8　实验注意事项

（1）实验结束后，需拔掉真空泵管，才能关闭真空泵电源。

（2）注意观察真空泵真空压力表显示值，确保整个体系处于真空条件，无漏气现象。

4.4.9　思考题

（1）膜蒸馏的优点有哪些？

（2）电导率值与含盐量具有怎样的关系？

实验 4.5
模拟复杂放射性废水离子渗透性实验

4.5.1　实验目的

（1）了解纳滤膜分离技术用于放射性废水处理领域的优势。

（2）熟悉渗透实验的原理和方法。

（3）能使用纳滤膜实现水中不同离子的筛分。

4.5.2 实验原理

渗透是指膜（不允许溶质透过）两侧的压力相等时，在浓度差的作用下，溶剂从溶质浓度低的一侧向溶质浓度高的一侧透过的现象。

纳滤膜的孔径范围为 1～10nm，可截留分子量在 200～2000 的物质（对大多数有机物和多价离子具有很高的截留率），一般纳滤膜多为荷电膜，其表面带有一定的电荷，存在道南效应（Donnan effect），其对不同价态的离子表现出一定的选择性，不同的离子透过膜的比例是不同的，存在差异性，从而能实现对特定溶质的选择性分离。膜分离技术具有运营成本低、操作简便、运行稳定、废水处理效率高、易于与其他处理工艺相结合等优点，在核素离子分离方面具有较大的应用前景。影响纳滤膜截留性能的因素包括离子/分子尺寸、离子电荷大小、溶液酸度等。

当采用纳滤膜替代传统渗透实验中的半透膜（半透膜允许水分子通过），由于纳滤膜所存在的离子筛分效应和道南效应作用，其对不同的离子具有不一样的渗透效果。例如，氧化石墨烯/纳米金刚石/醋酸纤维素复合膜对水中不同离子的渗透速率由高到低依次为：$K^+ = Na^+ > Co^{2+} = Ni^{2+} = Zn^{2+} > UO_2^{2+} = La^{3+} = Nd^{3+} = Eu^{3+} > Th^{4+}$。表 4-9 为常见离子的离子半径数据和有效电荷。

表 4-9 常见离子的离子半径数据和有效电荷

项目	K^+	Zn^{2+}	Co^{2+}	La^{3+}	UO_2^{2+}	Th^{4+}
r_H/nm	0.662	0.860	0.846	0.922	1.16	0.84
有效电荷	1+	2+	2+	3+	3.2+	4+

4.5.3 实验内容

进行模拟核工业含铀废水的离子渗透实验，通过计算各个离子的渗透速率（R）和分离系数（S），并比较铀与其他不同离子的分离系数，评价此纳滤膜筛分效果和分离规律。

4.5.4 实验仪器和材料

本实验渗透装置如图 4-6 所示。电感耦合等离子体-原子发射光谱仪（ICP-OES）。纳滤膜（GO/PEI 膜）、金属硝酸盐、浓硝酸、去离子水，25mL 比色管若干。

料液部分   渗透液部分

图 4-6 渗透实验装置实物图

4.5.5 实验方法和步骤

（1）按照实验要求准确组装渗透实验装置。

（2）整个渗透装置分为左右两个部分，左侧为料液部分，右侧为渗透液部分。在料液侧加入 50mL，各个离子浓度均为 0.5mmol/L 的混合离子溶液（4mol/L HNO₃），在另外一侧（渗透液部分）加入同一浓度硝酸水溶液。

（3）记录实验时间，并定时从渗透液中取样进行各个离子浓度分析，采用 0.1%（质量分数）的硝酸溶液进行稀释一定倍数，测试仪器选择 ICP-OES。

4.5.6 实验结果

实验过程中准确记录原始数据到表 4-10，膜材料的离子筛分性能可采用渗透速率（R）和分离系数（S）来表示，实验结果记录到表 4-11 和表 4-12。

$$R = \frac{C}{A \times t} \tag{4-12}$$

$$S = \frac{C_1}{C_2} \tag{4-13}$$

式中　R——膜对某离子的渗透速率，$mol/(L \cdot m^2 \cdot h)$；

　　　S——分离系数；

　　　C——渗透液中某种金属离子的浓度，mol/L；

　　　A——膜的有效渗透面积，m^2；

　　　t——实验时间，h；

　　　C_1——渗透液中金属离子 1 的浓度，mol/L；

　　　C_2——渗透液中金属离子 2 的浓度，mol/L。

表 4-10　实验原始数据记录表（实验温度：_____℃；实验时间：_____时_____分）

实验时间 t/h	渗透液（permeate part）中各个离子的浓度/(mol/L)						
	K（I）	Zn（II）	Co（II）	La（III）	Th（IV）	U（VI）	…
0							
1							
2							
⋮							
6							

表 4-11　实验数据 R 结果

实验时间 t/h	R/[mol/(L·m²·h)]						
	K（I）	Zn（II）	Co（II）	La（III）	Th（IV）	U（VI）	…
0							
1							
…							

表 4-12　实验数据 S 结果

实验时间 t/h	$S_{1/2}$						
	K(Ⅰ)	Zn(Ⅱ)	Co(Ⅱ)	La(Ⅲ)	Th(Ⅳ)	U(Ⅵ)	2　　1
$X=1,2\cdots$							K(Ⅰ)
							Zn(Ⅱ)
							Co(Ⅱ)
							La(Ⅲ)
							Th(Ⅳ)
							U(Ⅵ)

4.5.7　实验要求

（1）通过查阅资料明确不同离子的水合直径大小。

（2）熟悉 ICP-OES 的原理和测试要求。

4.5.8　实验注意事项

（1）注意取样测试时，取样体积对溶液原有体积影响不大。

（2）在实验时，可适当对两侧溶液施加磁力搅拌，加快离子渗透过程。

4.5.9　思考题

（1）常见的膜分离方法有哪些？

（2）什么是道南效应（Donnan effect）？

实验 4.6
利用微滤-超滤组合处理模拟多组分放射性废水

4.6.1　实验目的

（1）掌握微滤、超滤的原理。

（2）能利用微滤-超滤组合法深度净化处理多组分废水。

（3）熟练掌握微滤-超滤组合实验操作步骤。

4.6.2　实验原理

超滤（又称超过滤，ultrafiltration，UF），属于膜技术之一，是一种目前应用十分广泛的废水处理方法，特别是针对工业废水的深度净化处理。其原理是以膜两侧的压力差作为驱动力，以超滤膜（一般为非对称结构的高分子有机膜）作为过滤介质，在施加一定的压力情况下（工作压力低，0.1～1.4MPa），当原液流过膜表面时，由于超滤膜表面存在许多密布的微孔，它仅允许水和小分子物质透过成为滤出液，而原液中无法通过的物质发生截留，存在于进液侧位置，成为浓缩液，即借助膜材料的机械隔滤作用，将水中存在的极细微粒或者是大分子物质从水中分离出来，实现原液的净化、分离与浓缩的目的。因此，膜孔径大小是超滤膜过滤法的主要控制因素，影响筛分过程。透过物质包括离子、小分子和溶剂。截留物质包括胶体、悬浮物、细菌、多糖、酶、蛋白质、色素、果胶等大分子（分子量大于500）物质。超滤膜的孔径范围为1～100nm，可滤除0.003～0.05μm的物质。按照进水方式的不同，其工作方式包括内压式和外压式两种。

微滤（又称微过滤，microfiltration，MF），其筛分原理与超滤相似（工作压力0.01～0.2MPa），它指大于0.05μm的微粒或可溶性物质被截留，以压力差作为驱动力的膜技术。透过物质包括溶剂、水和小分子溶质。截留物质包括泥沙、胶体、大分子化合物、病毒、细菌和悬浮物。微滤膜（对称细孔高分子有机膜）的孔径范围一般为0.02～20μm，可滤除粒径为0.1～10μm的物质。由于微滤膜孔径的范围正好位于超滤孔径范围之上，故在实际工艺中微滤可作为超滤以及其他更精细的膜分离过程的必不可少的保护性单元。

本实验装置正是充分地考虑到了这一工艺中实际使用的情况，为了使实验者以最少设备和最简单操作方式完成一个比较完整的工业处理工艺模拟，故将微滤与超滤有机组合在一起，形成一种独特的新实验装置进行学习。

4.6.3　实验内容

正确进行各管路连接。操作过滤设备。使用微滤-超滤组合装置对废水进行处理，并对处理后的滤出液进行分析，评价其效果。

4.6.4　实验仪器和材料

整体装置（图4-7）是由2根管式微滤器和2根管式超滤器集成而成，4根管式微滤-超滤组合与水泵通过不锈钢支架牢固地集成在一起，最终形成一个一体化实验设备。微滤管、超滤管每根管上下都有三通及取样阀，因此可以通过软管方便地连接它们，形成各种工艺形式。

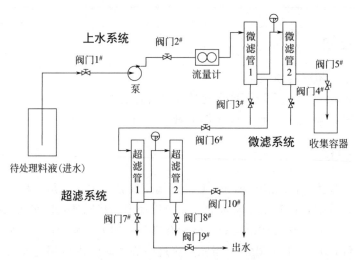

图4-7　微滤-超滤水处理流程图

所用的施压设备为一种高扬程自吸式单相水泵，由于水泵为自吸式水泵，因此盛原水容器及盛处理后水的容器可放于地上，靠水泵将水自吸而上。

微滤器：外管 $\phi42mm\times280mm$ 不锈钢管套，微滤膜 $\phi30mm\times250mm$，孔径 $0.5\sim60\mu m$。

超滤器：外管 $\phi32mm\times280mm$ 不锈钢管套，超滤膜 $\phi23mm\times260mm$，孔径 $5\sim20nm$。

加压水泵：自吸式，扬程 50m，流量 2.2t/h，电机电压 220V，功率 0.75kW。

4.6.5 实验方法和步骤

（1）选定流程方案，进行硬件搭接，搭接中注意软管必须牢固连接于管嘴上，以免被水压撑脱。

（2）往原水桶中注入定量原水。打开水泵灌水孔盖，往里注满清水，然后盖紧。

（3）启动水泵，同时计时。当水泵吸水管靠近原水桶底时，定量原水几乎可以在一定时间内被抽尽，抽尽后即停泵。从定量水和处理时间即可得处理流量以及可算各管内流速（各管管壳及滤棒直径已知，各管容积已知）。

（4）取处理后水样进行水质分析，并与原水样对比，用于评判处理效果。水样分析方法请依据具体废水情况自行设计。

4.6.6 实验结果

实验数据记录于表 4-13 中。

表 4-13 实验数据记录表

（启动水泵时间：___时___分；处理流量：_____ L/h；流速：_____ mL/min ）

原水		处理后水样	
水质指标 1		水质指标 1	
水质指标 2		水质指标 2	

4.6.7 实验要求

为了保证微滤-超滤的正常运行，原水入桶之前必须加 0.6mm 的不锈钢筛网加以粗滤操作，以清除浮渣。

4.6.8 实验注意事项

在一般情况下，实验运行时间有限，因此运行中不需要考虑反冲洗问题。但在实验结束后应对设备进行正反冲洗。正冲洗，即将自来水加入原水箱，水管连接按照原流程结构。反冲洗，即将水泵出水口与微滤-超滤器出水管相连，让清水反方向从滤棒中流过，使堵塞物被冲脱。正反冲洗至少各一次。

4.6.9 思考题

（1）超滤截留大分子的机理是什么？

（2）超滤与反渗透的共同点和区别有哪些？

实验 4.7
利用中空纤维超滤膜处理模拟放射性废水的实验

4.7.1　实验目的

（1）了解中空纤维超滤膜的特点。

（2）掌握中空纤维超滤膜过滤实验的操作过程。

4.7.2　实验原理

超滤技术过滤粒径介于微滤和反渗透之间，它是借助于压力差（工作压力 0.1～1.4MPa），使得小分子量的物质（水、可溶性盐和溶剂）通过膜，得到滤出液，分离出大分子量（一般大于 500）的物质（悬浮颗粒、胶体和菌类）（此部分溶液为浓缩液），具有浓缩、分离和提纯的功能。

超滤过程在本质上是一种筛滤过程，膜表面的孔隙大小是主要的控制因素，溶质能否被膜孔截留取决于溶质粒子的大小、形状、柔韧性以及操作条件等，而与膜的化学性质关系不大。因此可以用微孔模型来分析超滤的传质过程。

微孔模型是将膜孔隙当作垂直于膜表面的圆柱体来处理，水在孔隙中的流动可看作层流，其通量与压力差 ΔP 成正比并与膜的阻力 Γ_m 成反比。

本实验采用的膜分离方法为超滤，其具体材料组件由中空纤维做成（超细过滤器）。一个中空纤维膜组件主要是由几百到几千根细小的中空纤维丝和膜外壳组成，每根纤维一端开口一端封闭。

4.7.3　实验内容

中空纤维超滤膜实验操作和此超滤膜的分离效率测定。

4.7.4　实验仪器和材料

本实验装置主要部件：配液池、滤液池、水泵、超滤组件、流量计、压力表、控制屏等。

超滤组件用中空纤维做成，其材料为聚丙烯，其抗冲击性和耐磨性能好，孔径为 0.01～0.3μm，孔隙率为 50%～55%，截留分子量 50000，可实现无菌过滤，使用温度为 24～73℃，最大工作压力为 4kgf/cm²（1kgf/cm²＝98.0665kPa）。

滤液池、配液池材质为不锈钢。

水泵：额定流量为 1m³/h，额定扬程为 15m，额定功率为 0.37kW，额定转速为 2800r/min。

流量计：LZB-4（2.5～25L/h）型的液体流量计。

整个实验流程如图 4-8 所示。

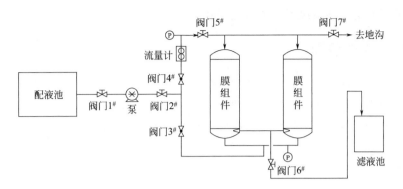

图 4-8　超滤实验流程图

4.7.5　实验方法和步骤

（1）先了解整个实验的流程，对各个设备及阀门有一定的了解，熟悉各个部件。

（2）配制好混合液（可以为污水、淀粉悬浮液、皂化液等）。需注意所配混合液浓度不应过浓，否则会影响膜的使用寿命。

（3）打开电源开关，然后再打开泵开关，实验开始进行，在开始实验时除阀门 1# 外其他各阀均为关闭，启动泵后再打开阀门 4#（即流量计上带有的针形阀至一定开度）、阀门 5# 和阀门 6#。如果管路和膜件中有空气，应先用冲洗流程开阀门 3# 将膜件中空气排走，再进行实验。用秒表记录下超滤所用的时间。同时记录膜内外两侧的压力数值、流量的大小（因出口压力很小，故当超滤的工作压力很小时便可近似为零）以及滤液池中的滤液量。

（4）分别在滤液池和混合液池内取样，并对其浓度等进行分析。

4.7.6　实验结果

定时对滤液池的电导率进行测量，将数据记录到表 4-14，并计算膜分离效率 η，如式（4-14）。

$$\eta = \left(1 - \frac{S_1}{S_2}\right) \times 100\% \tag{4-14}$$

式中　η——膜分离效率，%；

　　　S_1——超滤液的电导率，$\mu S/cm$；

　　　S_2——混合液的电导率，$\mu S/cm$。

表 4-14　实验数据记录表（混合液的电导率：＿＿＿＿ μS/cm）

取样时间/(时:分)				
滤液池的电导率/(μS/cm)				

4.7.7　实验要求

（1）在超滤实验过程中，超滤一段时间后需对膜进行冲洗，再进行过滤。

（2）反冲洗前最好先用冲洗水流经一次膜组件，带走输送管道中积留的杂质，避免其影响超滤的效果和缩短膜的使用寿命。意外情况下有杂质进入，可以拆下膜组件的外壳，对其直接清洗，但要注意一般情况下不要有此操作。

4.7.8 实验注意事项

待实验进行了一段时间后，或者是超滤的速度非常慢时，需对膜组件进行冲洗。即把超滤时打开的阀全都关好，再逐一打开阀门 2#、阀门 3#、阀门 7#。冲洗的水直接排入地沟。实验老师应准备胶管或多余容器将其及时转移走，避免造成地面涨水。

4.7.9 思考题

根据进水方式的不同，中空纤维超滤膜分为两种类型（内压式和外压式），它们有什么不同之处？浓缩液分别位于中空丝的内部还是外部？

实验 4.8
利用反渗透膜分离模拟放射性废水中的核素实验

4.8.1 实验目的

（1）掌握反渗透技术的原理。
（2）了解反渗透膜的分离过程及流程。
（3）掌握反渗透膜纯水制备实验的操作方法。

4.8.2 实验原理

渗透现象在自然界中很常见。大家熟悉的渗透现象有，若将一根黄瓜放入盐水中，观察到黄瓜会因失水而变小，即黄瓜中的水分子会自发进入盐溶液中，此过程就是渗透过程。又比如图 4-9 所示，如果用一个只有水分子才能透过的薄膜将一个水池隔断成两个部分，在隔膜两边分别添加盐水和纯水到同一水平高度。过一段时间后，就可以发现纯水侧的液面降低了，而盐水侧的液面升高了。我们把水分子透过这个薄膜迁移到盐水中的现象称为渗透现象。需要注意的是，盐水液面的升高不是无休止的，到了一定的高度就会达到一个平衡点，此时隔膜两端液面差所代表的压力值被称为渗透压。渗透压的大小与盐水的浓度直接相关。

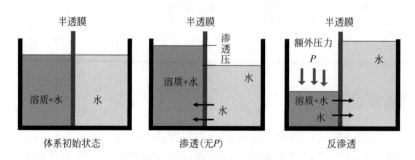

图 4-9 渗透与反渗透示意图

反渗透（高滤，reverse osmosis，RO），是正常渗透现象的逆过程，指在盐溶液（浓溶液）侧施加一压力值（P），要求 P 大于自然渗透压的大小，则会发现浓溶液中的溶剂（也就是水）将透过反渗透膜（或称半透膜，离子不能透过，发生截留，孔径大小小于 0.6nm）进入稀溶液（低压侧）中，最终导致浓溶液（高压侧）变得更浓，具有浓集分离的功能。它以膜两侧静压差为推动力，通过克服溶剂的渗透压，使溶剂透过反渗透膜而实现对液体混合物进行分离的膜过程。反渗透技术可用于处理洗衣废水、洗澡水，也可用于核电站含硼废水的处理。

反渗透与超滤、微滤一样均属于压力差驱动型膜分离技术。其操作压差一般为 1～10MPa，截留组分为无机盐和小分子溶质（筛分和扩散机理）。除此之外，还可从液体混合物中去除全部的悬浮物、溶解物和胶体化合物。例如，从水溶液中将水分离出来，以达到分离与纯化的目的。高压反渗透膜的操作压力为 5.0MPa 以上，主要用于海水淡化。低压反渗透膜的操作压力为 1.4～2.0MPa，主要用于苦咸水脱盐。目前，随着超低压反渗透膜的开发已可在小于 1MPa 的压力下进行部分脱盐（溶质），适用于水的软化和选择性分离应用。

4.8.3　实验内容

反渗透膜纯水制备实验的操作方法。测定盐（溶质）的脱除率与操作压力的变化关系。

4.8.4　实验仪器和材料

本实验装置主要有配液池、滤液池、高压泵、流量计、反渗透膜和压力表。

反渗透膜为卷式膜，膜直径 ϕ99.4mm。长度 1014mm。脱盐率 95%。带有不锈钢膜壳，最大压力 4.16MPa。使用温度 25～45℃。

配液池、滤液池均由不锈钢制成。

高压泵采用 QL-280 型高压清洗机，功率 1.3kW。最高压力 8MPa。工作压力 1～6MPa（可调节）。理论流量小于 9.83L/min。

反渗透流量计采用 LZB-10(16～160L/h)。

压力表采用 Y-100(0～1.6MPa)。

整个实验流程如图 4-10 所示。

4.8.5　实验方法和步骤

（1）打开电源开关，开启高压泵电源开关，打开阀门 1# 和阀门 2#，待高压泵正常运转后，开启浓液阀门 3#。

（2）启动泵后，再打开流量计上针形阀，调节流量。同时用秒表记录下过滤所用的时间、膜的压力数值、流量的大小。

（3）根据实验需要，通过阀门 3# 开启程度控制膜分离实验系统压力以及流量（本设备最高使用压力 1.0MPa）。

（4）按要求分别收集透过液、浓缩液，分别从滤液池和混合液池内取样，进行分析。

（5）停止实验时，先全开浓液阀门 3#，再关闭电源开关，结束实验。

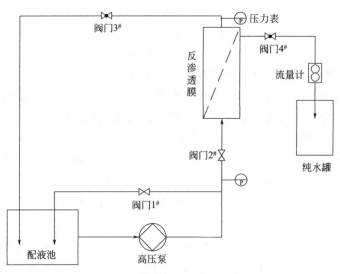

图 4-10　反渗透膜法处理废水工艺示意图

4.8.6　实验结果

对所取样品进行电导率测试，记入表 4-15。

表 4-15　实验数据记录表

料液	样品电导率 /(μS/cm)	膜透过液的电导率 /(μS/cm)	浓缩液电导率 /(μS/cm)	操作压力 /MPa
自来水				
盐溶液				

根据分析结果计算反渗透膜脱除盐（截留率，R）的性能，其定义为式(4-15)。

$$R = \left(1 - \frac{C_{透}}{C_{原}}\right) \times 100\% \tag{4-15}$$

式中　R——截留率，%；

　　$C_{原}$——需处理的原液的电导率，μS/cm；

　　$C_{透}$——膜透过液的电导率，μS/cm。

4.8.7　实验要求

（1）要求采用可靠、无泄漏的高压泵。

（2）不能用很脏的水作为供料，给水水质需要满足 RO 的要求。

（3）半透膜材料容易积聚无机物和有机物，繁殖微生物，须定期进行膜组件的清洗和更换。

4.8.8　实验注意事项

（1）实验前请仔细阅读"操作说明"和系统流程，特别要注意膜组件的正常工作压力。

（2）设备不使用时，要保持系统润湿，防止膜组件干燥，从而影响分离效能。较长时间时，要防止系统生菌，可以加入少量防腐剂，如甲醛、H_2O_2 等，密封保存。

（3）反渗透采用的压力较高，要防止泄漏。

4.8.9 思考题

（1）渗透和反渗透的驱动力是一样的吗？

（2）反渗透系统需要用到哪些常用仪表？它们具有什么功能？

实验 4.9
筛板塔吸收模拟放射性废气中 SO_2 实验

4.9.1 实验目的

（1）了解筛板吸收塔的结构和基本流程。

（2）熟悉筛板吸收塔的操作。

（3）观察筛板吸收塔的流体力学行为。

（4）学习筛板塔的应用实例——筛板塔去除 SO_2 的方法。

4.9.2 实验原理

气载放射性废物主要有三种形式：放射性气体、放射性微尘、放射性气溶胶。需要注意的是，除了气载放射性废物的产生以外，还存在有大量的常量有害物质有待处理，如粉尘、氮氧化物、SO_x、CO_2、CO 等。本实验主要针对 SO_2 气体废物的湿法吸收处理实验。

湿法除尘（又称湿法洗涤），是指利用水（或其他液体，如碱液）与含尘气体发生相互接触，伴随热与质的传递，从而达到去除尘粒（或有害气体）的目的，通过洗涤使尘粒与气体发生分离。相关作用包括溶解、重力沉降、截留、惯性碰撞、扩散沉积等。湿法除尘的方法有许多，其中筛板塔是主要的湿法除尘器之一，塔体内部装有多层塔板，板上分布有许多的小孔，有利于气液两相在上下穿行时发生有效传质和传热。其对二氧化硫的去除主要机理为气体吸收（溶解机制）。气体吸收是利用液体吸收剂选择性吸收气体混合物中的某种组分，从而使得该组分与气流发生分离的方法。

4.9.3 实验内容

熟悉筛板吸收塔的结构及工作流程，理解仪器各控制器件的具体功能，调整仪器至正常工作状态，并能熟练操作该仪器。采用 $NaOH$ 碱液吸收净化含 SO_2 的废气。实验中通过改变废气流量、SO_2 掺入量以及 $NaOH$ 浓度等因素，测定不同条件下 SO_2 的去除效率。对比研究不同因素对 SO_2 去除效率的影响。

4.9.4 实验仪器和材料

筛板吸收塔的实物图和示意图如图 4-11 和图 4-12 所示。本实验通过风机将混合气体（SO_2＋空气）自下而上吸入塔内（气流回路见图 4-12 实线箭头指示），吸收剂（NaOH 溶液，溶液回路见图 4-12 虚线箭头指示）经过泵，由塔顶喷头向下均匀喷淋来实现充分吸收过程。

图 4-11　筛板吸收塔实物图

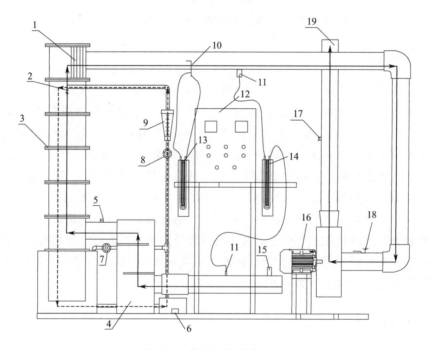

图 4-12　筛板吸收塔示意图

1—除雾器；2—喷淋头；3—筛板；4—气体混合罐；5—入口取样口；6—喷淋泵；7—回流阀；
8—进水调节阀；9—进水流量计；10—毕托管；11—测压点；12—电控箱；13—风速 U 形压差计；
14—压力 U 形压差计；15—进气口；16—风机；17—出气取样口；18—风量调节阀；19—出气口

4.9.5　实验方法和步骤

（1）按照老师要求，配制一定浓度的 NaOH 溶液 5L（浓度现场确定），均匀混合后倒入筛板吸收塔溶液储存池中。

（2）检查设备系统外况和全部电气连接线有无异常（如管道设备有无破损、筛板塔是否安装紧固等），一切正常后开始操作。

（3）将设备连接电源，按下电控箱上的启动按钮。

（4）打开风量调节阀18，按下电控箱上的风机按钮，风机运行，管道中通有一定的风量。实验过程中可以调节风量调节阀，控制不同的风量从而进行不同的实验。通过读取风速U形压差计13上的液位差，计算管道风速。

（5）按下喷淋泵的启停控制按钮，使喷淋泵运行，调节进水阀控制喷淋水量，用来使气体 SO_2 液化。

（6）打开气体混合罐4，调节气瓶上的阀门往实验管道中输入实验所用的 SO_2 气体，然后与空气在混合罐内进行混合，并进入筛板塔内。入口取样口5和出气取样口17分别连接有 SO_2 气体探测器，可以直接从探测器控制箱中直接读数和记录。

（7）实验过程中可以通过改变检测气体流量、风量等参数进行不同的实验。

（8）实验结束，按顺序关闭气体混合罐、风机、水泵及电源开关。

4.9.6 实验结果

（1）实验数据记录

实验运行过程中，每隔5min记录一次 SO_2 出入口浓度，每种实验条件下记录4组实验数据。调大混合气体（ SO_2 ＋空气）风速，重复以上实验，并做好实验数据记录（表4-16）。

表4-16 实验数据表

序号	NaOH 的浓度 /(mol/L)	溶液流量 /(L/min)	筛板塔级数 /级	风速压差 /(kN/m²)	SO_2 气体压力 /MPa	SO_2 入口浓度 /(mg/m³)	SO_2 出口浓度 /(mg/m³)	净化效率 M /%	风速 /(m/s)	风量 /(10^{-6}m³/s)
1										
2										

（2）数据计算公式

① 风速 v 的计算

风动压（也称压差，w_P，Pa 或 kN/m²）的计算如式(4-16)和式(4-17)。

$$w_P = 0.5 \times r_0 \times v^2 \tag{4-16}$$

$$v = \sqrt{\frac{w_P}{0.5 \times r_0}} \tag{4-17}$$

式中　w_P——压差，kN/m²；

　　　r_0——空气密度，kg/m³；

　　　v——风速，m/s。

② 风量 Q 的计算

风速×管道的截面积＝风量（Q，m³/s）的计算如式(4-18)。

$$Q = v \times \pi r^2 \tag{4-18}$$

式中　Q——风量，m³/s；

r——管道半径，mm，本实验所用管道内径大小为 104mm；

v——风速，m/s。

③ 净化效率 M 的计算

计算如式(4-19)。

$$M = \left(1 - \frac{\rho_1}{\rho_2}\right) \times 100\%$$

(4-19)

式中　M——净化效率，%；

ρ_1——出口气体的浓度，mg/m^3；

ρ_2——入口气体的浓度，mg/m^3。

4.9.7　实验要求

熟悉钢瓶的使用方法。

4.9.8　实验注意事项

NaOH 需采用烧杯进行称取，不能使用称量纸称取，且注意 NaOH 溶解反应为放热，一次溶解的 NaOH 不能过多或水过少。

4.9.9　思考题

(1) 筛板塔的工作原理是什么？

(2) 什么叫"液泛"？说明筛板塔吸收实验过程中出现液泛对 SO_2 吸收效率的影响。

实验 4.10
填料塔吸收模拟放射性废气中 SO_2 实验

4.10.1　实验目的

(1) 了解填料塔的结构、填料特性以及吸收装置的基本流程。

(2) 掌握填料塔对气体的净化规律。

4.10.2　实验原理

针对核工业活动产生的大量常量有害物质有待处理，如粉尘、氮氧化物、SO_x、CO_2、CO 等。本次实验针对 SO_2 气体废物的湿法吸收处理方法进行学习。

填料塔（也称填充床洗涤器）也是主要的湿法除尘器之一。

填料塔是一种重要的气液传质设备，其主体为圆柱形的塔体，底部有一块带孔的支撑板来支撑填料，并允许气液能顺利通过。支撑板上的填料（填充物）有整堆和乱堆两种填充方式，填料分为实体填料和网体填料两个大类，如拉西环、鲍尔环、θ 网环均属于实体填料。填料层上方设置有液体分布装置，可以使液体均匀喷洒在填料上。液体在填料中有向塔壁流动的倾向，故当填料层较高时，常将其分段，段与段之间设置液体再分布器，有利于液体的重新分布。

吸收塔中填料的作用主要是增加气液两相的接触面积。

本实验选用 NaOH 碱液吸收空气-SO_2 混合气体中的 SO_2。SO_2 为可溶于水的气体，操作属于气膜控制。在其他条件不变的情况下，随着空塔气速的增加，吸收系数相应增大。当空塔气速增大到某一值时，将会出现液泛现象，此时塔的正常操作将被破坏。所以，适宜的空塔气速应控制在液泛速度之下。

本实验所用的混合气中 SO_2 的浓度很低，吸收所得溶液的浓度不高，气液两相的平衡关系可以被认为服从亨利定律，相应的吸收速率方程式可表示为式(4-20)。

$$G_A = K_{Ya} \times V_p \times \Delta Y_m \tag{4-20}$$

式中 G_A——单位时间在塔内吸收的组分量，kmol/h；

   K_{Ya}——气相总体积吸收系数，$kmol/(m^3 \cdot h)$；

   V_p——填料层体积，m^3；

   ΔY_m——塔顶、塔底气相浓度差（$Y-Y^*$）的对数平均值，kmol/kmol。

（1）填料层体积 V_p（m^3）的计算

计算如式(4-21)。

$$V_p = \pi \times \frac{D_T^2}{4} \times Z \tag{4-21}$$

式中 V_p——填料层体积，m^3；

   D_T——塔内径，m；

   Z——填料层高度，m。

（2）通过吸收塔的物料衡算计算 G_A（kmol/h）

计算如式(4-22)。

$$G_A = V_0 \times (Y_1 - Y_2) \tag{4-22}$$

式中 G_A——单位时间在塔内吸收的组分量，kmol/h；

   V_0——空气流量，kmol/h；

   Y_1——塔底气相浓度，kmol/kmol；

   Y_2——塔顶气相浓度，kmol/kmol。

（3）标准状态下，空气的体积流量 V_0（m^3/h）的计算

计算如式(4-23)。

$$V_0 = V_{空} \times \frac{T_0}{P_0} \times \sqrt{\frac{P_1 \times P_2}{T_1 \times T_2}} \tag{4-23}$$

式中 V_0——标准状态下，空气的体积流量，m^3/h；

   $V_{空}$——风量值，m^3/h；

   T_0——标准状态下空气的温度，K，取值 273K；

   P_0——标准状态下空气的压强，kPa，取值 101.33 kPa；

   T_1——标定状态下空气的温度，K，取值 298K；

   P_1——标定状态下空气的压强，kPa，取值 101.33 kPa；

   T_2——操作状态下的温度，K；

P_2——操作状态下的压强，kPa。

4.10.3　实验内容

学习填料塔的工作原理和仪器操作。改变风量、SO_2 流量，记录实验数据，并分析不同因素对 SO_2 去除率的影响。

图 4-13　填料塔实物图

4.10.4　实验仪器和材料

填料塔的实物图和示意图如图 4-13 和图 4-14 所示。实线箭头指示代表废气走向，虚线箭头指示代表废液走向。

4.10.5　实验方法和步骤

首先必须弄清楚组成装置的所有构件物、设备和连接管路的作用，以及相互之间的关系，了解设备的工作原理。在此基础上，方可开始设备的启动和运行，进行吸收实验。

（1）熟悉实验装置及流程，弄清各部分的作用。

（2）检查气路系统。打开风量调节阀。

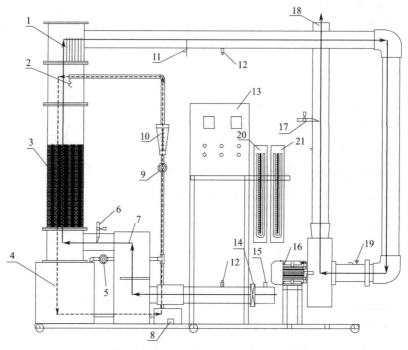

图 4-14　填料塔示意图

1—气液分离器；2—喷淋头；3—填料；4—水箱；5—分流调节阀；6—入口取样口；7—混合稳压罐；8—提升泵；9—进水调节阀；10—进水流量计；11—毕托管；12—管道测压点；13—电控箱；14—气体散布风扇；15—进气口；16—风机；17—出口取样口；18—出口管道；19—风量调节阀；20—毕托管 U 形压差计；21—压力 U 形压差计

（3）配制 NaOH 碱液（浓度现场确定），倒入储液槽中。

（4）将设备接入电源，按下电板箱上的启动按钮，然后按下喷淋运行按钮，启动提升泵，慢慢调节进水调节阀，如果此时感觉流量还是很大，可以打开分流调节阀，控制进入反应柱内的流量。当填料完全润湿后，按下风机按钮，启动风机运行。

（5）打开气瓶，往管道中输送 SO_2 气体，打开气体散布风扇，使实验气体在管道中分布均匀。

（6）实验过程中，当两个 U 形压差计的液位差稳定后，读取压差计的数据并代入公式中，计算此时管道中风速和压力。在入口和出口处，读取 SO_2 气体浓度，计算出净化效率。

（7）在该实验中，可以设计不同风速、不同气体量、不同喷淋量等条件因素进行实验，找出净化规律。

（8）实验完毕，首先关闭 SO_2 系统，其次为水系统，最后关停风机。

（9）整理好物品，做好清洁卫生工作。

4.10.6　实验结果

（1）将实验测得的数据和计算的结果等填入实验数据记录表中

实验运行过程中，每隔 5min 记录一次 SO_2 出入口浓度，每一种实验条件下需记录 5 组实验数据。

改变风速和 SO_2 气体压力，重复以上实验，做好数据记录（表4-17）。

表 4-17　实验数据表

序号	NaOH 的浓度 /(mol/L)	溶液流量 /(L/min)	风速压差 /(kN/m²)	SO_2 气体压力 /MPa	SO_2 入口浓度 /(mg/m³)	SO_2 出口浓度 /(mg/m³)	净化效率 M /%	风速 /(m/s)	风量 /(10^{-6}m³/s)
1									
2									
3									
4									
5									

（2）数据计算公式

① 风速 v 的计算见式(4-16) 和式(4-17)。

② 风量 Q 的计算见式(4-18)。

③ 净化效率 M 的计算见式(4-19)。

4.10.7　实验要求

（1）熟练使用气瓶。

（2）实验前熟悉整个工艺流程，做好数据记录表和变量的设计。

4.10.8　实验注意事项

（1）实验结束后，一定要关闭 SO_2 气瓶，防止有害气体泄漏危害实验者健康。

（2）长期不使用时，应将装置内的灰尘清洁干净，部分零件放置在干燥、通风的地方。

4.10.9　思考题

（1）吸收塔中填料的主要作用是什么？有哪些材料可作为填料？

（2）填料塔净化废气的工作原理是什么？

（3）该设备与筛板塔的区别与联系是什么？

实验 4.11
利用筛板塔-填料塔联合处理模拟放射性废气实验

4.11.1　实验目的

（1）在学习了筛板塔和填料塔单台装置的工作原理和操作方法后，进一步掌握两台设备联用后的实验操作和原理。

（2）观察对比单台设备与联用不同情况下，对 SO_2 去除效率的影响。

4.11.2　实验原理

对于酸性废气，选用碱性溶液进行有效吸收，可实现废气中酸性组分的有效去除。考虑到筛板塔中 NaOH 碱吸收液与 SO_2 废气的接触时间较短，净化系数不高，结合实际的工程需求，将筛板塔与填料塔设备进行联用，以增加对废气中 SO_2 的去除效率。整个过程概括为：让含 SO_2 的废气先流经筛板塔，净化后，出气作为填料塔的进气，再经过填料塔的净化，之后排出。

4.11.3　实验内容

学习两台设备联用时的正确连接方式和工作原理。测定风量、待处理气体浓度等对 SO_2 去除效率以及压力损失的影响。对比分析单台设备与联用条件下除尘的异同及其对 SO_2 去除效率的影响。

4.11.4　实验仪器和材料

见实验 4.9 和实验 4.10。

4.11.5　实验方法和步骤

（1）正确连接设备：先拔出与筛板塔出气口相连的尾气管道，用一段 U 形连通管分别连接筛板塔出气口和填料塔进气口，并用胶带将 U 形管两端口密封，避免 SO_2 气体逸出和因为系统中气压过大可能导致的端口脱落。在实验运行前，仔细检查废气运行通道是否顺畅。

（2）实验开始前，确保筛板塔和填料塔储水箱内一定浓度 NaOH 溶液水量达到总容量的 3/4，在电控箱上按下提升泵按钮，通过阀门调节水的流量，控制喷雾头喷水效果，喷淋开始。

（3）打开通风橱的电源开关，并将左手边的"尾气净化"开关置于"开"的位置。

（4）打开两台装置的风机启停按钮和文丘里风机启停按钮，调节手动调节阀，控制进入管道的风量。通过读取风速 U 形压差计 13（图 4-12）上的液位差，计算各设备中的管道风速。

（5）按下两台设备的"喷淋泵"启停控制按钮，使喷淋泵运行，调节进水阀控制喷淋水量，用来使气体 SO_2 液化。

（6）打开筛板塔气体混合罐 4（图 4-12）（注意填料塔的 SO_2 不开），调节气瓶上的阀门往实验管道中输入实验所需的 SO_2 气体，然后与空气在混合罐内进行混合，并进入筛板塔内。分别读取两台设备入口和出气取样口处 SO_2 的气体流量，做好记录。

（7）实验过程中可以通过改变检测气体流量、风量等参数进行不同工艺参数的实验。

（8）实验结束，按顺序依次关闭气体混合罐、风机、水泵及电源开关。

4.11.6　实验结果

参照筛板塔单台实验的风量和 SO_2 气压，作为本次实验的研究条件，对比分析单台和联用下的 SO_2 去除效果。

将实验过程读取的原始数据记入表 4-18 中，将实验处理数据填入表 4-19 中。

表 4-18　过程记录表

序号	筛板塔				填料塔			
	风速压差 /(kN/m²)	溶液流量 /(L/min)	SO_2 入口浓度 /(mg/m³)	SO_2 出口浓度 /(mg/m³)	风速压差 /(kN/m²)	溶液流量 /(L/min)	SO_2 入口浓度 /(mg/m³)	SO_2 出口浓度 /(mg/m³)
1								
2								
3								
4								
5								

表 4-19　数据处理表

序号	筛板塔			填料塔		
	风速 /(m/s)	风量 /(10⁻⁶ m³/s)	SO_2 去除效率 M /%	风速 /(m/s)	风量 /(10⁻⁶ m³/s)	SO_2 去除效率 M /%
1						
2						

4.11.7　实验要求

（1）必须熟悉各仪器的使用方法（包括工作原理、气体流通顺序）。

（2）注意关闭 SO_2 气瓶。

4.11.8　实验注意事项

确保各管路接口连接正确且牢固，可适当采用胶带进行漏点密封处理。

4.11.9　思考题

（1）筛板塔＋填料塔联用的工作原理。
（2）筛板塔＋填料塔联用的操作流程。

实验 4.12
模拟放射性废气的旋风分离除尘实验

4.12.1　实验目的

（1）加深对旋风除尘器结构形式和除尘机理的认识。
（2）掌握旋风除尘器主要性能的实验研究方法。
（3）掌握管道内的风量和除尘效率的算法。

4.12.2　实验原理

悬浮物（微尘）作为气载放射性废物的重要组成形式，只有经过净化处理后才能向环境中排放。本次实验选用白色碳酸钙粉作为模拟灰尘进行实验。

旋风除尘器是除尘装置的一类，是重要的干法除尘器之一。其除尘机理是，利用旋转气流所产生的离心力将尘粒从含尘气流中分离出来。旋转气流的绝大部分沿器壁自圆筒体，呈螺旋状自上向下向圆锥体底部运动，形成下降的外旋含尘气流，在强烈旋转过程中所产生的离心力将密度远远大于气体的尘粒甩向器壁，尘粒一旦与器壁发生接触，便失去惯性力（动能）而靠入口速度的动量和自身的重力沿壁面下落进入集灰斗。旋转下降的气流在到达圆锥体底部后，沿除尘器的轴心部位转而向上，形成上升的内旋气流，并由除尘器的排气管排出。自进气口流入的另一小部分气流，则向旋风除尘器顶盖处流动，然后沿排气管外侧向下流动，当达到排气管下端时，即反转向上，随上升的中心气流一同从排气管排出，分散在其中的尘粒也随同被带走。旋风除尘器是利用含尘气体的流动速度，使气流在除尘装置内沿某一方向做连续旋转运动，粒子在随气流的旋转中获得离心力，导致粒子从气流中分离出来。

旋风除尘器的各个部件都有一定的尺寸比例，每一个比例关系的变动，都将影响旋风除尘器的效率和压力损失，其中除尘器直径、进气口尺寸、排气管直径为主要的影响因素。在使用时应特别注意，当超过某一界限时，有利因素也能转化为不利因素。另外，有的因素对于提高除尘效率是有利的，但却会增加压力损失，因而对各因素的调整必须兼顾。

（1）圆筒体直径和高度

圆筒体直径是构成旋风除尘器的最基本尺寸。旋转气流的切向速度对粉尘产生的离心力与圆筒体直径成反比，在相同的切线速度下，筒体直径 D 越小，气流的旋转半径越小，粒子受到的离心力就越大，尘粒越容易被捕集。因此，应适当选择较小的圆筒体直径，但若筒体直径选择过小，器壁与排气管太近，粒子又很容易逃逸。筒体直径太小还容易引起堵塞，尤其是针对黏性物料。当处理风量较大时，因筒体直径小，处理含尘风量有限，可采用几台旋风除尘器并联运行的方法解决。并联运行处理的风量为各除尘器处理风量之和，阻力仅为单个除尘器在处理它所承担的那部分风量的阻力。但并联使用制造比较复杂，所需材料也较多，气体易在进口处被阻挡而增大阻力，因此，并联使用时台数不宜过多。

筒体总高度是指除尘器圆筒体和锥筒体两部分高度之和。增加筒体总高度，可增加气流在除尘器内的旋转圈数，使含尘气流中的粉尘与气流分离的机会增多，但筒体总高度增加，外旋流中向心力的径向速度使部分细小粉尘进入内旋流的机会也随之增加，进而又降低除尘效率。筒体总高度一般以 4 倍的圆筒体直径为宜，锥筒体部分，由于其半径不断减小，气流的切向速度不断增加，粉尘到达外壁的距离也不断减小，除尘效果比圆筒体部分好。因此，在筒体总高度一定的情况下，适当增加锥筒体部分的高度，有利于提高除尘效率，一般圆筒体部分的高度为其直径的 1.5 倍，锥筒体高度为圆筒体直径的 2.5 倍时，可获得较为理想的除尘效率。

(2) 排气管直径和深度

排风管的直径和插入深度对旋风除尘器除尘效率的影响也较大。排风管直径必须选择一个合适的值，排风管直径减小，可减小内旋流的旋转范围，粉尘不易从排风管排出，有利于提高除尘效率，但同时出风口速度增加，阻力损失增大。若增大排风管直径，虽阻力损失可明显减小，但由于排风管与圆筒体管壁太近，易形成内、外旋流“短路”现象，使外旋流中部分未被清除的粉尘直接混入排风管中排出，从而降低除尘效率。一般认为，排风管直径为圆筒体直径的 0.5～0.6 倍为宜。排风管插入过浅，易造成进风口含尘气流直接进入排风管，影响除尘效率。排风管插入深，易增加气流与管壁的摩擦面，使其阻力损失增大，同时，排风管与锥筒体底部距离缩短，增加灰尘二次返混排出的机会。排风管插入深度一般以略低于进风口底部的位置为宜。

由于旋风除尘器单位耗钢量比较大，因此在设计方案上比较好的方法是从筒身上部向下材料由厚向薄逐渐递减。

4.12.3　实验内容

学习旋风分离实验的工作原理。改变风量的大小和粉尘的进入量，评价除尘效率。

4.12.4　实验仪器和材料

旋风分离除尘器的实物图和示意图如图 4-15 和图 4-16 所示。实线箭头指示代表废气走向。

4.12.5　实验方法和步骤

(1) 检查设备系统外况和全部电气连接线有无异常（如管道设备有无破损等），一切正常后开始实验操作。

(2) 将设备连接主电源，按下风机启停按钮，调节手动调节阀，控制进入管道的风量，调节发尘量调节旋钮，使灰斗内的粉尘在风的带动下进入管道，并且控制粉尘进入管道的量，然后按下粉尘分布器启停按钮，使粉尘较为均匀地进入管道中。

图 4-15　旋风分离除尘器实物图

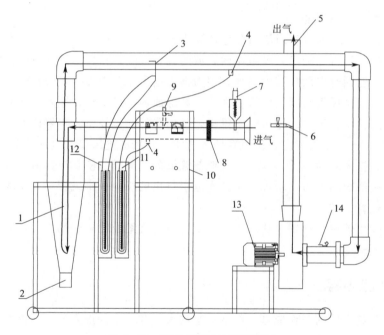

图 4-16　旋风分离除尘器示意图

1—旋风除尘器；2—卸料斗；3—毕托管；4—管道测压点；5—出口管道；6—出口取样口；

7—灰斗；8—粉尘分散器；9—进口取样口；10—电控箱；11—管道测压 U 形压差计；

12—毕托管 U 形压差计；13—风机；14—风量调节阀

（3）实验过程中，可以在手动采样入口和出口进行粉尘的收集，测定进出口粉尘的浓度，读取 U 形压差计上的数据，记录风量测量口处的风量压力，得出出风口处的风量。

（4）为了得出相关的除尘性能的结论，实验过程中，通过改变风量的大小和粉尘的进入量进行平行实验和梯度实验，然后经过对数据的处理和分析，得出结论。

（5）实验完毕后，依次关闭发尘装置、主风机，待设备内粉尘沉降后，清理卸灰装置。

（6）关闭控制箱主电源。

4.12.6 实验结果

（1）数据记录

实验数据记录到表 4-20。

表 4-20 实验数据记录表

序号	风速压差 /(kN/m^2)	粉尘进口浓度 /(mg/m^3)	粉尘出口浓度 /(mg/m^3)	除尘效率 M /%	风速 /(m/s)	风量 /(10^{-6}m^3/s)
1						
2						
3						

（2）数据计算公式

① 风速 v 的计算见式（4-16）和式（4-17）。

② 风量 Q 的计算见式（4-18）。

③ 除尘效率 M 的计算见式（4-19）。

4.12.7 实验要求

正确计算除尘效率，明确风量的大小对效率的影响。

4.12.8 实验注意事项

风量控制在最小，风阀几乎处于完全关闭的状态。因为超过则容易导致管道内的粉尘被载带出设备引起出口浓度过高，除尘效率变为负值。旋风分离的风量只能微调（如 0.590～0.768m^3/s）。

4.12.9 思考题

（1）理解旋风分离的工作原理。

（2）圆筒体和锥筒体的设计要点是什么？

实验 4.13
模拟放射性废气的文丘里除尘实验

4.13.1 实验目的

（1）通过观察，了解文丘里除尘器的结构。

（2）掌握文丘里除尘器主要性能的实验研究方法。

（3）测定设备的除尘效率。

（4）通过实验设计研究工艺因素影响其性能的规律，使其在合理的操作条件下达到较高的除尘效率。

（5）讨论处理风量、待处理气体含尘浓度对除尘效率及压力损失的影响。

4.13.2 实验原理

本次实验选用白色碳酸钙粉作为模拟灰尘（放射性微尘）进行实验。

文丘里洗涤器（文丘里）也是主要的湿法除尘器之一。

（1）工作原理

在文丘里湿式除尘器中，所进行的除尘可分为雾化、凝聚、除雾三个阶段过程，前两个过程是在文丘里管（包括收缩管、喉管和扩散管三个部分，洗涤液从喉管进入）内进行的，后一个过程是在捕滴器内完成的。在收缩管和喉管中气液两相间的相对流速很大，烟气通过文丘里管，在收缩管内逐渐被加速，到达喉管烟气流速最高，呈强烈的絮流流动状态，在喉管中喷入的水滴被高速烟气撞击成大量的直径小于 $10\mu m$ 的细小水珠，并且布满整个喉管，运动中的灰尘，冲破水滴周围的气膜，并黏附在水上凝聚成大颗粒的灰水珠。这种现象称为碰撞凝聚，凝聚主要发生在喉管部，因此喉管部速度越高，凝聚作用越激烈，除尘效率也就越高，但阻力会增大，吸水量越大，且容易造成灰带水，另外碰撞凝聚也发生在收缩管和扩散管内，一般控制喉管速度为 $50\sim60m/s$。

文丘里可以把小颗粒的灰尘变成大颗粒的灰，但尚不能除尘，所以必须采用捕滴器，当经过文丘里管预处理的烟气沿切向方向进入捕滴器下部，在捕滴器内做强烈的旋转运动，依靠离心力作用将烟尘和灰水滴抛向捕滴器的筒壁上并被水黏附，随水膜流入下部灰斗，净化后的烟气经捕滴器的上部轴向收缩引出，经引风机排入大气中。

（2）处理气体流量的测定及计算

① 采用动压法测定处理气体流量，测得除尘器进、出口管道中气体动压后，气速可按式（4-24）和式（4-25）计算。

$$V_1 = \sqrt{\frac{2P_{v1}}{P_g}} \tag{4-24}$$

$$V_2 = \sqrt{\frac{2P_{v2}}{P_g}} \tag{4-25}$$

式中　V_1——进口管道气体速度，m/s；

　　　V_2——出口管道气体速度，m/s；

　　　P_{v1}——除尘器进口管道断面平均动压，Pa；

　　　P_{v2}——除尘器出口管道断面平均动压，Pa；

　　　P_g——气体密度，kg/m^3。

② 除尘器进、出口管道中气体流量 Q_1、Q_2 可按式（4-26）和式（4-27）计算。

$$Q_1 = F_1 \times V_1 \tag{4-26}$$

$$Q_2 = F_2 \times V_2 \tag{4-27}$$

式中　Q_1——除尘器进口管道中气体流量，m^3/s；

　　　Q_2——除尘器出口管道中气体流量，m^3/s；

　　　F_1——除尘器进口断面面积，m^2；

F_2——除尘器出口断面面积，m^2；

V_1——进口管道气体速度，m/s；

V_2——出口管道气体速度，m/s。

③ 取除尘器进、出口管道中气体流量平均值作为除尘器的处理气体量 Q，可按式（4-28）计算。

$$Q = \frac{Q_1 + Q_2}{2} \tag{4-28}$$

式中　Q——除尘器的处理气体量，m^3/s；

Q_1——除尘器进口管道中气体流量，m^3/s；

Q_2——除尘器出口管道中气体流量，m^3/s。

（3）压力损失的测量和计算

除尘器压力损失（ΔP）为其进、出口管道中气流的平均全压之差，当除尘器进出口管道的断面面积相等时，即可采用其进、出口管道中的气体的平均静压之差计算，即压力损失可按式（4-29）计算。

$$\Delta P = P_{s1} - P_{s2} \tag{4-29}$$

式中　ΔP——除尘器压力损失，Pa；

P_{s1}——除尘器进口管道中气体的平均静压，Pa；

P_{s2}——除尘器出口管道中气体的平均静压，Pa。

（4）除尘效率的测定与计算

除尘效率采用质量浓度法测定，即同时测出除尘器进、出口管道中气流的平均含尘浓度 C_1 和 C_2，按式（4-30）计算。

$$\eta = \left(1 - \frac{C_2 Q_2}{C_1 Q_1} \right) \times 100\% \tag{4-30}$$

式中　η——除尘效率，%；

C_1——除尘器进口管道中气流的平均含尘浓度，mg/m^3；

C_2——除尘器出口管道中气流的平均含尘浓度，mg/m^3；

Q_1——除尘器进口管道中气体流量，m^3/s；

Q_2——除尘器出口管道中气体流量，m^3/s。

实验中，粉尘浓度是采用光学原理，通过专门的粉尘传感器来测量的。

4.13.3　实验内容

掌握文丘里实验原理、结构组成和仪器操作方法。测定设备的除尘效率。研究处理风量、待处理气体含尘浓度对除尘效率及压力损失的影响规律。

4.13.4　实验仪器和材料

文丘里除尘器的实物图和示意图如图 4-17 和图 4-18 所示。图 4-18 中实线箭头指示代表废气走向，虚线箭头指示代表废液走向。

图 4-17　文丘里除尘器实物图

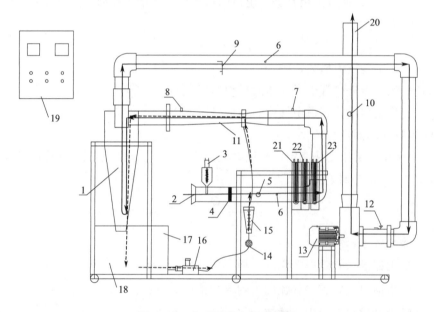

图 4-18　文丘里除尘器示意图

1—旋风除尘器；2—进风口；3—自动粉尘添加装置；4—粉尘分散器；5—入口取样点；6—风压测点；
7—文丘里前测点；8—文丘里后测点；9—毕托管；10—出口取样点；11—文丘里管；12—风量调节阀；
13—风机；14—进水调节阀；15—进水流量计；16—提升泵；17—清水箱；18—卸灰箱；19—电控箱；
20—出气口；21—毕托管 U 形压差计；22—管道风压 U 形压差计；23—文丘里管 U 形压差计

4.13.5　实验方法和步骤

（1）检查设备系统外况和全部电气连接线是否正常（如管道设备有无破损、卸灰装置是否安装紧固等），一切正常后开始实验。

（2）将设备通上电源，按下电控箱上的主启动按钮。

（3）实验开始前，应确保清水箱内的水量达到总容量的 3/4 后，在电控箱上按下提升泵按钮，通过阀门调节水的流量，控制喷雾头喷水效果。喷淋开始。

（4）打开风量调节阀，按下电控箱上的风机按钮，风机运行，管道中通有一定的风量，通过毕托管 U 形压差计读取数值，计算风量。实验过程中可以调节风量调节阀至不同角度分别进行实验。

（5）将一定量的粉尘加入自动粉尘添加装置，启动发尘按钮，打开粉尘分散器，将管道中的粉尘分布均匀，然后调节发尘旋钮，调节转速控制加灰速率。此时粉尘受到风力的作用在除尘器中进行除尘反应。实验过程中，可在入口和出口的取样口对粉尘进行取样检测，然后代入公式算出除尘效率。

（6）读取各 U 形压差计的数值代入公式，计算实验系统中的风量、风速、风压。

（7）调节风量调节开关、发尘旋钮，进行不同处理气体量、不同发尘浓度下的实验。

（8）实验完毕后依次关闭发尘装置、主风机，待设备内粉尘沉降后，清理卸灰装置。

（9）关闭控制箱主电源。

4.13.6　实验结果

（1）实验数据记录

实验数据记录到表 4-21。

表 4-21　实验数据记录表

序号	风速压差 /(kN/m^2)	粉尘进口浓度 /(mg/m^3)	粉尘出口浓度 /(mg/m^3)	除尘效率 M /%	风速 /(m/s)	风量 /(10^{-6} m^3/s)
1						
2						
3						

（2）数据计算公式

① 风速 v 的计算见式（4-16）和式（4-17）。

② 风量 Q 的计算见式（4-18）。

③ 除尘效率 M 的计算见式（4-19）。

4.13.7　实验要求

（1）风速压差需控制在 300kN/m^2 左右（风速压差≤300kN/m^2，风量 0.18～0.76m^3/s），超过则容易导致管道内的粉尘被载带出设备，引起出口浓度过高，除尘效率变为负值。

（2）改变风量时，以风速压差＜300kN/m^2（风速压差设计值 180～290kN/m^2）的方向进行变化，其负荷变化可以高于旋风分离的设计参数，风速压差控制在 300kN/m^2 左右。

（3）长时间进行实验时，需将水箱内的水进行实时更换，防止灰尘在洗涤液循环累积。

4.13.8　实验注意事项

（1）使用环境必须符合工作条件。

（2）实验完毕后，装置应在干燥状态下于阴凉处放置，注意保持实验室通风。

（3）实验完毕后，要及时清洗除尘器本体。

（4）定期擦拭装置，防止灰尘堆积。

（5）长期不用应定期活动阀门，防止阀门因老化而变得不灵活。

（6）非专业技术员，请勿对实验装置进行拆卸与维修。

4.13.9　思考题

（1）文丘里的工作原理是什么？

（2）文丘里管中喉管和捕集器的作用是什么？

实验 4.14
模拟放射性废气的旋风+ 文丘里联合除尘实验

4.14.1　实验目的

（1）在学习了旋风（干法除尘）和文丘里（湿法除尘）单台除尘装置的工作原理和操作后，进一步掌握两台设备联用后的实验操作。

（2）讨论单台设备与联用情况下，除尘效率的演变规律。

4.14.2　实验原理

本次实验选用白色碳酸钙粉作为模拟灰尘（放射性微尘）进行实验。

单台设备除尘实验见实验 4.12 和实验 4.13 相关内容。

由于旋风分离除尘对废气的净化效率较低，结合工程实际需要，考虑将旋风与文丘里两台设备联用，以期增大废气的除尘效率。

总体路线为，废气先流经旋风分离除尘设备，净化后的出气作为文丘里的进气，再流经文丘里进行净化，之后排出。

4.14.3　实验内容

学习两台设备联用时的正确连接方式和工作原理。测定风量、待处理气体含尘浓度等对除尘效率及压力损失的影响。比较分析单台设备与联用条件下，除尘的异同和对除尘效率的影响。

4.14.4　实验仪器和材料

见实验 4.12 和实验 4.13 相关内容。

4.14.5　实验方法和步骤

（1）正确连接设备：先拔出与旋风分离出气口相连的尾气管道，用一段 U 形连通管分别连接旋风出气口和文丘里进气口，并用胶带将 U 形管两端口密封，避免废尘逸出和避免气压过大可能导致的端口脱落。在实验运行前，仔细检查废气的运行通道是否通畅。

（2）实验开始前，确保文丘里清水箱内的水量达到总容量的 3/4 后，在电控箱上按下提升泵按钮，通过阀门调节水的流量，控制喷雾头喷水效果，喷淋开始。

（3）在旋风装置的灰斗中装上一定量的白色碳酸钙粉（用作模拟灰尘）。

（4）打开通风橱的电源开关，并将左手边的"尾气净化"开关置于"开"的位置。

（5）打开旋风装置的风机启停按钮和文丘里风机启停按钮，调节手动调节阀，控制进入管道的风量。

（6）打开旋风发尘量调节旋钮，使灰斗内的粉尘在风的带动下进入管道，并且控制粉尘进入管道的量，然后按下粉尘分布器启停按钮，使粉尘较为均匀地进入管道中。

（7）详细记录旋风进口、出口和文丘里管进口、出口粉尘的浓度，读取旋风和文丘里管U形压差计上的数值，记录风量测量口处的风量压力，计算出风口处的风量。

4.14.6 实验结果

参照旋风分离单台实验的风量和粉尘浓度，作为本次实验的研究条件，对比分析单台和联用下的除尘效果。

将实验过程中记录的数据记入表 4-22 中，将实验处理数据填入表 4-23 中。

表 4-22 过程记录表

序号	旋风分离			文丘里			
	风速压差 /(kN/m²)	粉尘入口浓度 /(mg/m³)	粉尘出口浓度 /(mg/m³)	风速压差 /(kN/m²)	溶液流量 /(L/min)	粉尘入口浓度 /(mg/m³)	粉尘出口浓度 /(mg/m³)
1							
2							
3							
4							
5							

表 4-23 数据处理表

序号	旋风分离			文丘里		
	风速/(m/s)	风量/(10^{-6}m³/s)	除尘效率 M/%	风速/(m/s)	风量/(10^{-6}m³/s)	除尘效率 M/%
1						
2						

4.14.7 实验要求

（1）熟悉仪器的使用方法。

（2）正确进行管路连接，确保整个系统无漏点。

4.14.8 实验注意事项

（1）粉尘传感器使用一定时间后，必须定时清洁，以保证其测量精度。

（2）长期不使用时，应将装置内的灰尘清干净，放在干燥、通风的地方。如果再次使用，要先将装置内的灰尘清干净再使用。

4.14.9 思考题

(1) 理解旋风和文丘里设备联用的工作原理。

(2) 考虑影响除尘效率的因素。

实验 4.15
模拟放射性废气的静电除尘实验

4.15.1 实验目的

(1) 了解电除尘器的电极配置和供电装置。

(2) 观察电晕放电的外观形态。

(3) 测定板式静电除尘器的除尘效率。

(4) 测定管道中各点流速和气体流量。

(5) 测定板式静电除尘器的压力损失和阻力系数。

(6) 测定静电除尘器的风压、风速、电压、电流等因素对除尘效率的影响。

4.15.2 实验原理

本次实验选用白色碳酸钙粉作为模拟灰尘（放射性微尘）进行实验。

静电除尘（电除尘）属于主要的干法除尘之一，其优点是气流阻力小，能处理高温、高湿含尘气体。

静电除尘器是利用高压直流电场，使气体中的尘粒荷电，并在电场中捕捉荷电尘粒，进而实现尘粒与气流的分离，即利用静电力（库仑力）将气体中的粉尘或液滴分离出来的除尘设备，也称电除尘器、电收尘器。静电除尘器与其他除尘器相比，其显著特点是：几乎对各种粉尘、烟雾等，甚至极其微小的颗粒都有很高的除尘效率。即使是高温、高压气体也能应用。设备阻力低（100～300Pa），耗能少，维护检修不复杂。

在静电除尘器中，荷电极性不同的粉尘在电场力的作用下将分别向不同极性的电极运动。在电晕区和靠近电晕区很近的一部分荷电尘粒与电晕极的极性相反，于是就沉积在电晕极上。电晕区范围小，捕集数量也小。而电晕外区的尘粒，绝大部分带有与电晕极极性相同的电荷，所以，当这些荷电尘粒接近收尘极表面时，在极板上沉积而被捕集。尘粒的捕集与许多因素有关，如尘粒的电阻率、介电常数和密度，气体的流速、温度，电场的伏-安特性，以及收尘极的表面状态等。要从理论上对每一个因素的影响皆表达出来是不可能的，因此尘粒在静电除尘器的捕集过程中，需要根据试验或经验来确定各因素的影响。

除尘效率是电除尘器的一个重要技术参数，也是设计、计算、分析比较评价静电除尘器的重要依据。通常任何除尘器的除尘效率 $\eta(\%)$ 均可按式（4-31）计算。

$$\eta = \left(1 - \frac{C_1}{C_2}\right) \times 100\%$$
(4-31)

式中　η ——除尘器的除尘效率，%；

C_1——电除尘器出口处烟气含尘浓度，g/m³；

C_2——电除尘器入口处烟气含尘浓度，g/m³。

4.15.3 实验内容

熟悉静电除尘器的电极配置和供电装置的结构及工作流程，理解仪器各控制器件的具体功能，调整仪器至正常工作状态，并能熟练操作该仪器。测定管道中各点流速和气体流量。测定板式静电除尘器在不同风压、风速、电压、电流条件下对废气中碳酸钙粉的除尘效率，对比研究不同因素对碳酸钙粉去除效率的影响。

4.15.4 实验仪器和材料

静电除尘器的实物图和示意图如图 4-19 和图 4-20 所示。随着除尘器的连续工作，电晕极和收尘极上会有粉尘颗粒沉积，粉尘层厚度为几毫米，粉尘颗粒沉积在电晕极上会影响电晕电流的大小和均匀性。收集尘极板上粉尘层较厚时会导致火花电压降低，电晕电流减小。为了保持静电除尘器正常运行，应及时清除沉积的粉尘。收尘极清灰方法有湿式、干式和声波三种方法。

本实验设备为干式静电除尘器，所以采用的清灰方式为机械撞击或电磁振打所产生的振动力清灰。干式振打清灰需要合适的振打强度。合适的振打强度和振打频率在现场调试中进行确定。

图 4-19 静电除尘器实物图

4.15.5 实验方法和步骤

（1）首先检查设备系统外况和全部电气连接线有无异常（如管道设备无破损等），一切正常后开始接下来的操作。

（2）将设备连接电源，按下电控箱上的启动按钮，在彩色触摸屏上选择近端控制，然后点击彩屏界面进行实验操作。

（3）打开高压电源发生器的开关，调节到一定的电压，调节电极板位置调节阀，将电极板调到刚刚可以产生电晕的距离，进行实验。在实验过程中，可以设计不同的电压参数和不同的电极板距离参数进行实验，从而得出除尘效率最高的电压参数和距离参数。

（4）打开蝶阀，然后启动彩色触摸屏上的变频器电源控制按钮，风机运行，管道中通有一定的风量（初始值约为 303.6×10^{-6} m³/s）。实验过程中可以调节变频器进行不同风量参数的实验。

（5）将一定量的粉尘加入自动发尘装置，在彩屏上启动粉尘分布控制按钮，然后调节发尘调节仪，调节发尘装置上搅拌电机的转速控制加灰速率。此时粉尘在风力带动下进入板式静电除尘器中进行除尘反应。

（6）待系统稳定后，读取触摸屏上实验系统自动采集到的风量、风速、风压、除尘效率、粉尘出入口浓度、环境空气湿度和温度数据。也可启动打印开关，将数据输出。

（7）调节风量调节开关（调小）、发尘旋钮、电极板位置调节仪进行不同处理气体量、

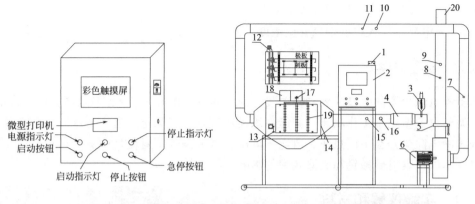

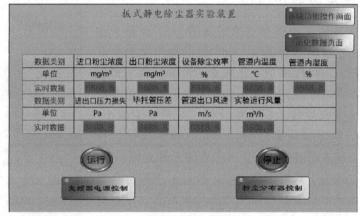

图 4 -20　静电除尘器示意图

1—压差传感器；2—控制电箱；3—自动发尘装置；4—气体混合罐；5—蝶阀；6—风机（配有变频器）；7—粉尘抽气口；
8—毕托管；9—出气粉尘检测口；10—温湿度检测仪；11，15—静压测点；12—振动电机；13—振打锤；14—孔板；
16—进气检测口；17—电极板位置调节阀；18—高压电源发生器（静电量调节仪）；19—电极板；20—出气口

不同发尘浓度和不同电极板间距下的实验。

（8）在实验中，要不定期地进行电极板上粉尘的清理工作，防止因粉尘积累过多而影响实验结果。

（9）实验结束后，关闭控制箱主电源。

4.15.6　实验结果

实验数据记入表 4-24 中，数据处理参照实验 4.12 旋风分离除尘实验计算公式。

表 4 -24　实验数据记录表

序号	风速压差 /(kN/m²)	粉尘进口浓度 /(mg/m³)	粉尘出口浓度 /(mg/m³)	除尘效率 M /%	风速 /(m/s)	风量 /(10^{-6} m³/s)
1						
2						
3						
4						
5						

4.15.7 实验要求

（1）对于不同风量参数的实验，风量控制在 $300 \times 10^{-6} \mathrm{m^3/s}$ 左右［如选择的实际风量 $(168 \sim 251) \times 10^{-6} \mathrm{m^3/s}$］，超过则容易导致管道内的粉尘被载带出设备引起出口浓度过高，除尘效率变为负值。改变风量时，以 $< 300 \times 10^{-6} \mathrm{m^3/s}$ 的方向变化参数（初始风量约为 $303.6 \times 10^{-6} \mathrm{m^3/s}$）。

（2）清灰过程中，先关闭发尘装置、主风机和高压发生装置，打开振动电机调节仪，振打电机运行，带动振打锤 13 进行对电极板的振打，从而使粉尘掉落到卸灰斗内。等清灰过程结束后，清理卸灰装置。

4.15.8 实验注意事项

（1）实验前准备就绪后，经指导教师检查后才能启动高压。
（2）设备启动后，电压需先调至零位，才能重新启动。
（3）实验进行时，严禁触摸高压区。
（4）粉尘传感器使用一定时间后，必须定时清洁，以保证其测量精度。

4.15.9 思考题

（1）什么叫电晕放电？在本实验装置中的作用是什么？
（2）什么是毕托管？其作用是什么？
（3）静电除尘对哪些气体适用？
（4）利用静电除尘器净化废气的工作原理是什么？

实验 4.16
模拟中低放废物的水泥固化实验

4.16.1 实验目的

（1）采用水泥固化法对模拟中低放废液或废树脂进行固化处理。
（2）熟悉水泥固化法实施过程。
（3）能对水泥固化体的各项性能指标进行测试和评价。

4.16.2 实验原理

固化是指采用物理或化学方法将有害废物掺和并包容于一密实的惰性基材中，使其稳定化或密封化的一种操作过程，已应用的惰性基材包括水泥、玻璃、人造岩石、塑料等。

将石灰石和黏土与水混合后，形成的浆体具有一定的可塑性，它可以把沙子、石头以及其他粒状材料或砖块组合成一种整体性的水硬性胶凝材料，此材料最终硬化成坚硬的石头，我们把这种水硬性胶凝材料称为水泥。

水泥具有较强的抗压强度、一定的自屏蔽能力、良好的耐辐照和耐热性。水泥固化法是最早用来固化中低放废物的方法，当前仍被广泛应用。水泥固化体属于多孔性物质，与玻璃固化体相比，其核素的浸出率较高。水泥的主要组成成分是硅酸三钙（$3CaO \cdot SiO_2$，C_3S）、硅酸二钙（$2CaO \cdot SiO_2$，C_2S）、铝酸三钙（$3CaO \cdot Al_2O_3$，C_3A）和铁铝四钙（$4CaO \cdot Al_2O_3 \cdot Fe_2O_3$，$C_4AF$）等复杂氧化物，也称水泥熟料，它们比例的不同构成了不同型号的水泥。水泥主要是通过物理包容和吸附作用从而实现对放射性核素的固定。水泥是一种无机胶结剂，当水泥原料与水发生拌和后，水泥熟料将发生水化反应生成凝胶（水化反应阶段），并经过凝结、硬化、养护阶段，最终形成坚硬的石状体，同时把有害废物牢固地包容密封在水泥水化产物中。涉及的反应过程如下。

水化是指物质由无水状态（低含水）变成有水状态（高含水）的过程，此过程产生大量的凝胶体，体系中游离的水减少。

（1）C_3S 的水化（主）：

$$3CaO \cdot SiO_2 + xH_2O \longrightarrow 2CaO \cdot SiO_2 \cdot yH_2O(\text{水化硅酸钙,C-S-H 凝胶,可变组成}) + Ca(OH)_2$$

$$(4\text{-}32)$$

$$3CaO \cdot SiO_2 + xH_2O \longrightarrow CaO \cdot SiO_2 \cdot yH_2O + 2Ca(OH)_2 \tag{4-33}$$

$$2(3CaO \cdot SiO_2) + 6H_2O \longrightarrow 3CaO \cdot 2SiO_2 \cdot 3H_2O(\text{C-S-H}) + 3Ca(OH)_2 \tag{4-34}$$

$$2(3CaO \cdot SiO_2) + xH_2O \longrightarrow 2(CaO \cdot SiO_2 \cdot yH_2O) + 4Ca(OH)_2 \tag{4-35}$$

（2）C_2S 的水化（主）：

$$2CaO \cdot SiO_2 + xH_2O \longrightarrow 2CaO \cdot SiO_2 \cdot yH_2O \tag{4-36}$$

$$2CaO \cdot SiO_2 + xH_2O \longrightarrow CaO \cdot SiO_2 \cdot yH_2O + Ca(OH)_2 \tag{4-37}$$

$$2(2CaO \cdot SiO_2) + 4H_2O \longrightarrow 3CaO \cdot 2SiO_2 \cdot 3H_2O + Ca(OH)_2 \tag{4-38}$$

$$2(2CaO \cdot SiO_2) + xH_2O \longrightarrow 2(CaO \cdot SiO_2 \cdot yH_2O) + 2Ca(OH)_2 \tag{4-39}$$

（3）C_3A 的水化：

$$3CaO \cdot Al_2O_3 + 6H_2O \longrightarrow 3CaO \cdot Al_2O_3 \cdot 6H_2O(\text{水化铝酸钙}) \tag{4-40}$$

$$3CaO \cdot Al_2O_3 + xH_2O + Ca(OH)_2 \longrightarrow 4CaO \cdot Al_2O_3 \cdot yH_2O \tag{4-41}$$

（4）C_4AF 的水化：

$$4CaO \cdot Al_2O_3 \cdot Fe_2O_3 + xH_2O \longrightarrow 3CaO \cdot Al_2O_3 \cdot yH_2O(\text{水化铝酸钙}) + CaO \cdot Fe_2O_3 \cdot zH_2O$$

$$(4\text{-}42)$$

凝结是指水泥加水拌和后，初期形成的浆体具有流动性和可塑性，然后浆体逐渐变得黏稠，失去可塑性（初凝，普通硅酸盐水泥要求 $t>45min$），浆体完全失去可塑性具有一定的塑性强度（终凝，普通硅酸盐水泥要求 $t<390min$）。

硬化是指水泥浆完全失去可塑性，同时具有一定的机械强度。凝结硬化是水化的结果。

养护是在特定的温度和湿度条件下，水泥块硬度和抗压强度稳步增大的过程。

图 4-21 为水泥固化工艺流程图。

图 4-21　水泥固化工艺流程图

4.16.3　实验内容

合理设计水泥固化体配方，成功实现碳酸盐废液（或废树脂）的有效固化。能对水泥固化体的各项性能指标进行测试。通过数据结果分析获得最佳的水泥固化配方和废物包容量。

4.16.4　实验仪器和材料

电子天平、恒温恒湿养护箱（控温范围10～50℃，控湿范围60％～95％）、压力试验机、高低温交变试验箱（控温范围－70～150℃）、普通硅酸盐水泥（标号42.5R）、PVC样品试模（$\phi50mm\times50mm$）、碳酸钠、强碱性阴离子交换树脂（201×7）等。

4.16.5　实验方法和步骤

以固化碳酸盐废液为例。

（1）配方设计与计算：参照表4-25，以200g单个水泥固化体为设计目标，各小组制备5个空白水泥和15个含盐水泥样品。准确记录水泥原料、碳酸钠和水的用量。

表4-25　单个水泥固化体各原料添加比例表

样品名称	各物料质量/g				备注	
	水泥原料	水（盐水）	水灰比	盐灰比	碳酸钠/g	总质量（水泥原料＋碳酸钠）/g
空白水泥	200	70	0.35	—	0	200
含盐水泥	194	60	0.31	0.03	6	200

（2）模拟盐水的配制：根据表4-25配比，称取100g无水碳酸钠溶于1.0L自来水中，搅拌溶解均匀作为模拟放射性废水使用（100g/L）（可制备15个样）。

（3）水泥与水拌和混匀：将称量好的水泥倒入水泥净浆搅拌机中，边人工搅拌边缓慢加入一部分水（或盐水），确保所有水泥被浸湿，接着，开启搅拌机，慢慢将剩余的水（或盐水）加入，加完后，继续搅拌10min后停止机械搅拌，进行人工搅拌（需注意搅拌器底层、内壁上未被搅拌到的水泥），然后继续进行机械搅拌（慢速，3min），整个过程重复2～3次以确保水泥与水发生充分混合，呈黏稠状（样品进行水泥流动度测试，并记录数据结果）（若混合物较为干燥，可额外加水，记录此加水量）。

（4）水泥浇筑：将搅拌好的水泥缓慢倒入清洗好的干燥模具中，并将其置于振动台上。先用筷子将刚刚浇筑完的水泥捣实。然后打开振动台电源，观察水泥表面无气泡产生为止。接着，采用铲刀将水泥表面刮平整，并用抹布将模具表面擦拭干净，每个样品编上序号。

（5）养护：将已编号的水泥按照一定的排列顺序放置于恒温恒湿养护箱［相对湿度90％±5％、温度（25±5）℃］中进行养护操作，养护时间28天。

（6）脱模：养护时间达到后，取出所制备的水泥固化体按照要求依次进行性能测试，包括样品尺寸（高度、上下面直径，mm）、抗压强度（MPa）、抗冻融性（MPa）、抗冲击性（外观形貌、尺寸数据）、初凝时间和终凝时间（h）。

以固化硝酸盐废液为例，配方条件：模拟硝酸盐废液浓度为300g/L（600g硝酸钠，2L水溶解）。单个样品：水泥质量180g，水灰比0.37～0.6，盐灰比0.11～0.18。

以固化废树脂为例，配方条件：强碱性阴离子交换树脂（树脂先进行干燥，接着提前一天进行浸泡处理，树脂吸水达饱和备用，另外取少量树脂进行浸泡计算树脂含水量），固化体包容量为 10％（干固体的质量），沸石作为添加剂（为固化体质量的 12.5％）。例如单个样品：水泥质量 200g，湿树脂 50g，沸石 25g。

4.16.6 实验结果

将称取的实际原料记入表 4-26，性能测试结果记入表 4-27～表 4-30。

表 4-26　单个水泥固化体各原料添加比例表（初凝时间：＿＿＿＿ h；终凝时间：＿＿＿＿ h）

样品名称	各物料质量/g		备注			
	水泥原料	水（盐水）	水灰比	盐灰比	碳酸钠/g	总质量（水泥原料＋碳酸钠）/g
空白水泥 1				—		200
含盐水泥 1						
⋮						
合计		—	—	—		—

表 4-27　产品流动度数据结果　　　　　单位：mm

样品名称	1	2	3	…	平均值
空白组					
含盐组					

表 4-28　产品尺寸和抗压强度数据结果

编号	顶面直径/mm	底面直径/mm	高度/mm	机器压力/kN	压力/MPa	是否合格
空白-1						
含盐-1						

表 4-29　产品尺寸和抗冻融数据结果

编号	顶面直径/mm	底面直径/mm	高度/mm	机器压力/kN	压力/MPa	是否合格	外观有无裂纹	
							冻融前	冻融后
空白-1								
含盐-1								

表 4-30　产品尺寸和抗冲击性数据结果

编号	顶面直径/mm	底面直径/mm	高度/mm	样品外观（表面情况）		是否破损
				实验前	实验后	
空白-1						
含盐-1						

4.16.7 实验要求

（1）空白水泥固化体样须进行流动度、初终凝时间、水化热特性测试。

（2）每个小组准备试模 20 个（含盐 15 个、空白样品 5 个），提前洗净备用。

（3）提前配制好浓度为 100g/L 的碳酸钠模拟废水溶液。

（4）需进行总用量计算，无须进行单一样品原料混合。

（5）抗压强度测试：含盐 6 个、空白样品 6 个。

（6）冻融循环实验：含盐 6 个、空白样品 6 个。

（7）抗冲击性实验：含盐 3 个、空白样品 3 个（3 个小组共计 15 个空白样）。

4.16.8 实验注意事项

（1）水灰比是指掺入的放射性废水与水泥的质量比。

（2）盐灰比是指废物干盐分与水泥的质量比。

（3）不能将含水泥废水直接倾倒入水池，以免造成下水道堵塞。

（4）每个小组实验完成后，应立即清洗搅拌锅、木勺、振动台等，以避免水泥发生凝固造成清洗不便。

4.16.9 思考题

（1）盐分和树脂对水泥固化体的影响有哪些？

（2）碳酸钠的添加对水泥的凝结时间有怎样的影响？

实验 4.17
模拟高放废物的玻璃固化实验

4.17.1 实验目的

（1）熟悉玻璃的实验室熔制工艺方法。

（2）能根据配方组成选择合适的原料。

（3）掌握模拟废物玻璃固化体配方的计算。

（4）了解玻璃退火的目的。

4.17.2 实验原理

玻璃是一种化学性质呈惰性的物质，在高温条件下呈液态，对许多的氧化物具有好的溶解能力，从而能使高放废液中的放射性核素通过包容固定于玻璃的三维网络结构中。玻璃固化对核素的作用是一种化学包容，废物玻璃固化体中核素的浸出率很低，具有优异的化学稳定性。硼硅酸盐玻璃的组成主要为：SiO_2、Al_2O_3 和 B_2O_3。

玻璃组成是指构成玻璃的各个氧化物的百分含量，通常采用质量分数或摩尔分数来表示。玻璃配方是指为获得所需氧化物组成的玻璃，通过混合不同类型和用量的化合物来实现。本实验以熔制 40g 的废物玻璃固化体为例进行实验操作。

4.17.3 实验内容

根据模拟高放废物玻璃配方选择合适的玻璃原料并进行实际配方计算。能熟练使用高温炉进行模拟废物玻璃固化体的熔制，并能通过密度测量和晶体结构分析解析玻璃的性质。

4.17.4　实验仪器和材料

KSL-1700X 型人工智能箱式电阻炉（使用温度＜1700℃）（图 4-22）、KSL-1200X 型人工智能箱式电阻炉（退火炉使用温度＜1200℃）（图 4-23）、上海恒平 FB224 型电子天平（感量为 0.0001g）、50mL 刚玉坩埚若干（Al_2O_3 的质量分数为 99%）、玛瑙研钵、氧化物、坩埚钳、手套、墨镜和成型模具等。

图 4-22　KSL-1700X 型人工智能箱式电阻炉　　　　图 4-23　KSL-1200X 型人工智能箱式电阻炉

4.17.5　实验方法和步骤

图 4-24 为玻璃固化工艺流程图。

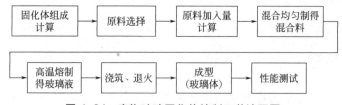

图 4-24　废物玻璃固化体熔制工艺流程图

（1）废物玻璃配方设计

参考表 4-31 所示的模拟高放废物玻璃固化体配方组成，选择合适的原料进行混合，进行原料准确计算和称量（以熔制 40g 废物玻璃固化体为例），并将所有的原料置于研钵中混合均匀，研磨均匀的玻璃原料倒入 50mL 刚玉坩埚中待下一步熔制。

（2）样品预处理和高温熔融

将准备好的坩埚样品置于高温炉中，设置程序条件为：以 10℃/min 的升温速率从室温到 250℃，并保温 3h（防止溢料发生）。接着以同样的升温速率升至 1250℃，并保温 2h（需稍微设置长一些保温时间）。

（3）熔融样品退火

高温熔融保温时间完毕后，立即将熔融样品坩埚转移至已预热至500℃的退火炉（箱式电阻炉）中，并在此温度保温3h，后断开电源。

（4）玻璃成型［额外步骤代替步骤（3），为获取特定形状的产品］

先将石墨模具放置于电阻炉中预热至500℃，然后将模具摆好。将高温炉中的熔融样品在模具上进行浇注成型，后迅速放入退火炉中，在500℃温度下继续保温3h，后断开电阻炉电源。

（5）产品冷却

让样品在退火炉中自然冷却至室温，即可获得最终玻璃产品。

（6）玻璃后处理

根据需要进行切割、粉碎或用砂纸打磨抛光处理，待分析。

表 4-31　某模拟高放废物玻璃固化体配方（La_2O_3 代替 UO_2）

组分	质量分数/%	组分	质量分数/%	组分	质量分数/%
SiO_2	44.89	K_2O	0.09	Sb_2O_5	0.50
B_2O_3	12.26	La_2O_3	2.03	Cr_2O_3	0.29
Na_2O	11.39	Fe_2O_3	3.23	Cs_2O	0.12
Li_2O	2.18	MoO_3	0.19	TiO_2	0.15
Al_2O_3	5.15	MnO_2	0.01	Y_2O_3	0.01
CaO	6.72	NiO	0.59	SO_3	0.71
MgO	4.37	P_2O_5	0.07	SrO	0.03
BaO	3.52	V_2O_5	1.50	总计	100

4.17.6　实验结果

在进行实验室玻璃熔制时，对实际废物玻璃配方做简化处理，例如，在本实验中选择 Na_2O 代替 Li_2O、K_2O 和 Cs_2O 组分，故 Na_2O 的总量为 13.78%（质量分数）。CaO 代替 MgO、BaO 和 SrO 组分，故 CaO 的总量为 14.64%。Fe_2O_3 代替 Y_2O_3、MoO_3、MnO_2、TiO_2、Cr_2O_3 和 NiO 组分，故 Fe_2O_3 的总量为 4.47%。不添加 P_2O_5。此外，Na_2O 的原料为 $NaOH$，SO_3 的原料为 Na_2SO_4（须注意此原料同时引入 Na_2O），剩余其他组分的原料均为氧化物。计算简化后配方组成所需的原料量，并将各个原料的实际质量记入表 4-32。玻璃熔制过程数据记录记入表 4-33，最后根据要求进行玻璃物理化学性质（晶型、密度等）测试并做讨论。

表 4-32　本实验废物玻璃组成（熔制40g废物玻璃固化体）

组分	SiO_2	B_2O_3	Na_2O	Al_2O_3	CaO	La_2O_3	Fe_2O_3	V_2O_5	Sb_2O_5	SO_3
质量分数/%	44.89	12.26	13.78	5.15	14.64	2.03	4.47	1.50	0.50	0.81
原料	SiO_2	B_2O_3	$NaOH$	Al_2O_3	CaO	La_2O_3	Fe_2O_3	V_2O_5	Sb_2O_5	Na_2SO_4
质量/g										

表 4-33　玻璃熔制过程记录

序号	过程	时间/(时:分)	升温速率/(℃/min)	温度/℃	保温时间/min
1	预处理		10	250	180
2	熔融		10	1250	120
3	退火		提前预热	500	180
4	取样				

4.17.7　实验要求

（1）熟练使用高温炉和退火炉，能正确设置温度程序参数。

（2）在进行高温炉取样操作时，必须戴好护目镜和绝热手套，做好个人防护。

（3）严禁一个人进行整个实验操作，严禁实验过程无人值守。

4.17.8　实验注意事项

（1）当进行玻璃原料混合时，可适当加入少量无水乙醇进行辅助研磨混合原料，并确保后一步操作前乙醇已挥发完全。

（2）浇注成型时，玻璃液和浇注点要稳定，以避免玻璃体内部产生条纹。

（3）在实验过程中做好详细记录，注意观察实验现象。

4.17.9　思考题

（1）我国高放废液的特点有哪些？

（2）为什么可以采用玻璃固化法进行高放废液的处理？

（3）在进行玻璃固化体制备的过程中需要注意哪些事项？

实验 4.18
模拟放射性裂变产物的陶瓷固化实验

4.18.1　实验目的

（1）掌握陶瓷固化法的原理。

（2）合理选择矿相基材，对模拟高放废物进行固化处理。

（3）熟练采用 MDI Jade 软件进行固化体矿相结构分析。

（4）熟练使用 MCC-1 法进行固化体化学稳定性测试。

4.18.2　实验原理

固熔体是指在固态条件下，一种组分（溶剂）"溶解"其他组分（溶质）而形成的单一、均匀的晶态固体。一般把含量多的组分称为主晶体或溶剂，含量少的组分称为外来杂质或溶质。

按照溶质原子在溶剂晶格中的位置进行分类，可分为置换型（取代型）固熔体和间隙型（填隙型）固熔体。置换型固熔体是指溶质原子进入溶剂晶格后，占据某些节点位置，而为了保持电中性，结构中会出现空位或间隙原子。间隙型固熔体是指溶质原子进入溶剂晶格后，填充晶格的间隙位置，即作为间隙原子存在。

陶瓷固化法是基于天然存在的火成岩中含有少量的放射性元素（如铀、钍、钾40），且它们已稳定存在亿万年。通过分析发现，主要是依据"类质同象"替代和低共熔原理，通过高温固相反应，最终形成这种热力学稳定、具有多相钛酸盐结构的陶瓷固化体。选择此种物质作为固化基材，高放废液中绝大多数的放射性核素将进入矿相的晶格位置或镶嵌于晶格间隙中，最终形成一种稳定性好的固熔体。可以理解为，固化体中存在的矿相其结构十分稳定，可作为放射性核素的宿主存在，从而避免其对环境造成影响。常见的矿相基材有碱硬锰矿、烧绿石、钙钛矿、钙钛锆石、金红石等。

根据离子半径相近原则，铯主要进入碱硬锰矿（$BaAl_2Ti_6O_{16}$）的 Ba 位，锶主要进入钙钛矿（$CaTiO_3$）的 Ca 位。

4.18.3　实验内容

采用碱硬锰矿-钙钛矿复相陶瓷固化裂变产物 Cs 和 Sr，并对固化体进行晶相结构分析，明确裂变产物的赋存形式，探讨工艺条件对固化体结构的影响规律，以及抗浸出性能测试，总结最适的熔制工艺参数。

4.18.4　实验仪器和材料

GSL-1750X 型高温管式炉（使用温度＜1750℃）（图 4-25）、电子天平、研钵、压片机、管式炉、游标卡尺、水热反应釜、无水乙醇、Cs_2CO_3、$BaCO_3$、Al_2O_3、TiO_2 和 $SrCO_3$ 等。

图 4-25　GSL-1750X 型高温管式炉

4.18.5　实验方法和步骤

本实验采用常见的高温固相法进行复相陶瓷固化体的熔制。实验步骤如下。

（1）矿相基材选择与配方设计：参照某陶瓷固化体的配方要求 75% $Cs_{0.4}Ba_{0.8}Al_2Ti_6O_{16}$ + 25% $SrTiO_3$（质量分数），进行原料选择（表 4-34）和质量计算，以制备 1.0g 固化体为依据进行物料计算。

表 4-34 原料选择

元素	Cs	Ba	Al	Ti	Sr
原料类型	Cs_2CO_3	$BaCO_3$	Al_2O_3	TiO_2	$SrCO_3$

（2）原料称重与混合：按照原料配比要求进行准确称重。采取干法湿磨法混合原料，在研钵中干磨 20～30min，然后加入少量的乙醇（保证所有粉体被完全浸泡）继续研磨至乙醇挥发完全。

（3）压片预处理：将上述研磨均匀的样品置于 120℃温度烘箱中干燥 2h，接着，在压片机上压制成直径为 11.5～12mm 的薄片。

（4）高温烧结：将样片置于坩埚中，放入高温管式炉中进行烧结处理，温度程序设置为以 5℃/min 的升温速率升至 1300℃，保温 300min（注意：可根据烧结温度和时间自行设计变量）。

（5）冷却成型：最后，以 2℃/min 的降温速率降至 800℃，后随炉冷却至室温，收集样品，观察外貌，采用游标卡尺测量样品直径和厚度。

（6）物相结构分析：将块体产品敲碎并研磨成粉，进行 X 射线衍射（XRD）分析。

（7）抗浸出性能测试（MCC-1 法）：采用抛光机反复打磨样品表面，并采用去离子水和乙醇进行洗涤，最后干燥后待性能测试。采用游标卡尺记录处理后样品的直径和高度（如 ϕ11.8mm×12.7mm），计算固化体的表面积 SA。浸出实验在 100mL 水热反应釜中进行，根据 SA/浸出液体积 $V=10m^{-1}$ 确定 V 值（如 80mL）。采用尼龙绳将样品悬挂于浸出液（水）中，并保证样品不与器壁发生接触。整个反应器置于（90±2）℃的恒温箱中进行元素浸出。分别在第 1 天、第 3 天、第 7 天、第 14 天、第 21 天、第 28 天、第 35 天、第 42 天取出浸出液并更换新的浸出液。测量取出的浸出液浓度，计算元素（Cs 和 Sr）的归一化浸出率 NL。此测试进行平行实验至少 3 次。

（8）寻找规律并总结有效结论。

4.18.6 实验结果

准确称取所需原料，并将质量记入表 4-35。

表 4-35 原料 1# 的质量数据

项目	Cs_2CO_3	$BaCO_3$	Al_2O_3	TiO_2	$SrCO_3$
理论值 m_1/g					
实际值 m_2/g					

采用 ICP-MS 对浸出液中 Cs 和 Sr 的浓度进行测量，采用式（4-43）计算元素的归一化浸出率 [g/(m² · d)]。

$$NL_i = \frac{C_i V}{SA f_i t_n} \tag{4-43}$$

式中　NL_i——元素的归一化浸出率，$g/(m^2 \cdot d)$；

　　　C_i——浸出液中元素 i 的浓度，g/m^3；

　　　V——浸出液的体积，m^3；

　　　SA——固化体的表面积，m^2；

　　　f_i——原有样品中元素 i 的质量分数，%；

　　　t_n——间隔浸出时间，d。

4.18.7　实验要求

（1）熟练掌握压片机和管式炉的使用方法。

（2）正确计算出配方所需的各个组分原料的质量。

（3）准确设置管式炉的运行程序时，需反复检查设备无误后方可运行仪器。

（4）在实验过程中做好个人防护，杜绝无人值守。

4.18.8　实验注意事项

（1）本实验采用非放射性的 Cs 和 Sr 模拟放射性裂变产物 ^{137}Cs 和 ^{90}Sr 进行实验。

（2）认真观察样品状态，并按照各项测试要求准备样品。

4.18.9　思考题

（1）陶瓷固化法与玻璃固化法相比有哪些区别？

（2）MCC-1 测试，使用后的反应容器应如何进行清洗？

实验 4.19
含碘放射性废物的低温玻璃固化实验

4.19.1　实验目的

（1）熟悉冷等静压机的使用。

（2）能利用低温玻璃固化法成功实现含碘固体废物的处理。

（3）掌握产品一致性测试法（PCT 法）对废物玻璃固化体抗浸出性能测试。

4.19.2　实验原理

在破损的核燃料、核事故以及乏燃料后处理等过程将产生放射性废气，放射性碘作为主要的污染物之一，因其对甲状腺具有高的亲和性，进入人体后易于在甲状腺处积累对人体健康产生威胁。因此，放射性碘的处理以及安全处置对实现核能的可持续发展与环境保护具有重要的意义。在放射性碘中，^{131}I 具有半衰期短（$T_{1/2} = 8.04$ 天）的特点，但放射性活度较大。而 ^{129}I 的半衰期长（$T_{1/2} = 1.57 \times 10^7$ 年），危害较大。因此在排放前需对其进行净化处理，例如，采用铋基材料对气体碘进行捕集，会发生以下化学反应：

$$Bi(s)+1.5I_2(g) \longrightarrow BiI_3(s), \Delta G(473K)=-33.376kJ/mol \qquad (4-44)$$

$$Bi(s)+0.5O_2(g)+0.5I_2(g) \longrightarrow BiOI(s), \Delta G(473K)=-52.428kJ/mol \qquad (4-45)$$

$$5Bi(s)+3.5O_2(g)+0.5I_2(g) \longrightarrow Bi_5O_7I(s), \Delta G(473K)=-274.993kJ/mol \qquad (4-46)$$

$$2.5Bi_2O_3(s)+0.5I_2(g) \longrightarrow Bi_5O_7I(s)+0.25O_2(g), \Delta G(473K)=-5.867kJ/mol \quad (4-47)$$

最后，极易发生扩散的碘将转变成 BiI_3 等固体形式。选取 Bi-Zn-B 玻璃作为固化基材，通过对含碘固体废物（$BiOI$、BiI_3）做进一步的固化处理可以实现碘的有效固定（此时，玻璃中碘的存在形式主要为稳定的 $Bi_xO_yI_z$），以避免其对周围环境产生危害，有利于后续安全处置，涉及的化学反应机理为：

$$1/3BiI_3(s)+7/3Bi_2O_3(s) \longrightarrow Bi_5O_7I(s) \qquad (4-48)$$

$$BiI_3(s)+0.5O_2(g) \longrightarrow BiOI(s)+I_2(g) \qquad (4-49)$$

$$5BiOI(s)+O_2(g) \longrightarrow Bi_5O_7I(s)+2I_2(g) \qquad (4-50)$$

$$2.5Bi_2O_3(s)+0.5I_2(g) \longrightarrow Bi_5O_7I(s)+0.25O_2(g) \qquad (4-51)$$

B_2O_3 作为网络生成体氧化物，能单独生成玻璃，具有自身特有的网络体系。由于其熔点仅为 450℃，能在低温下烧制玻璃。进一步通过添加合适的氧化物可有效提高此类玻璃的性质，例如，Bi_2O_3 的存在可以有效降低玻璃体相转变温度，有利于产品在较低温条件下形成非晶态，同时提高产品的结构稳定性和硬度。ZnO 的添加可提高产物的化学稳定性。

4.19.3　实验内容

使用 Bi-Zn-B 玻璃粉对吸附 I_2 后的铋基吸附剂进行固化处理，观察固化体外观形貌（表面粗糙度、烧结前后尺寸变化）特点，进行抗浸出性能实验，最后对固化方法进行评价。

4.19.4　实验仪器和材料

GSL-1100X 型高温管式炉（使用温度<1100℃）（图 4-26）、769YP-24B 型粉末压片机（图 4-27）、研钵、冷等静压机、电子天平、管式烧结炉、水热合成反应釜、玻璃粉（Bi_2O_3、ZnO 和 B_2O_3 的质量分数分别为：72.6%、14.8%和12.6%）、三氧化二硼、含碘固体废物等。

图 4-26　GSL-1100X 型高温管式炉

图 4-27　769YP-24B 型粉末压片机

4.19.5 实验方法和步骤

（1）称重

按照表 4-36 固化体配方要求，以 1.0g 固化体进行各个组分计算并称重。

表 4-36　低温玻璃固化含碘废物配方表

固化体编号	各组分质量分数/%		
	含碘固体废物	Bi_2O_3	玻璃粉
1	6.2	20.4	73.4
2	13.2	26.1	60.7
3	19.0	24.9	56.1

（2）研磨混匀

将所有原料倒入研钵中，加入少量的硬脂酸锌的乙醇溶液（用作润滑剂）进行充分研磨。

（3）压制成型

将研磨均匀的粉体原料倒入模具中，在粉末压片机上以 10MPa 的压力压制成型，呈圆片状，再在 200MPa 的压力下冷等静压成型。

（4）玻璃烧结

将圆片置于瓷舟中，放到管式炉中，在周围环境下，以 1℃/min 的升温速率升温至 600℃，并保温 2h，其后自然冷却。

（5）PCT 测试

将固化体研磨成粉、过筛，参照标准方法 ASTM C1285—02 进行抗浸出性能实验（检测浸出液中 Bi、Zn、B、I 的浓度），并对固化体的化学稳定性进行评价。

4.19.6 实验结果

准确记录固化体各组分的质量，并记入表 4-37。

表 4-37　低温玻璃固化碘原料组成

固化体编号	各组分质量/g		
	含碘固体废物	Bi_2O_3	玻璃粉
1			
2			
3			

采用 PCT 法进行固化体抗浸出性能测试，并定期对更换下来的浸出液中 Bi、Zn、B、I 的浓度进行测量，将测试数据结果记入表 4-38，采用元素归一化浸出率公式式（4-52）进行数据计算，通过数据分析得出实验结论。

$$LR_i = \frac{C_i V}{f_i S \Delta t} \tag{4-52}$$

式中　LR_i——固化体中元素 i 的归一化浸出率，g/(m²·d)；

C_i——浸出液中元素 i 的质量浓度，g/m^3；

S——固体颗粒表面积之和，m^2；

V——浸出液的体积，m^3；

f_i——固化体中元素 i 的质量分数，%；

Δt——间隔时间，d。

表 4-38 固化体抗浸出性数据结果

固化体编号	浸出液中各元素的浓度/(mg/L)			
	Bi	Zn	B	I
1				
2				
3				

4.19.7 实验要求

(1) 研磨过程中须做好个人防护，戴手套和口罩。

(2) 按照要求正确使用各个仪器设备，如管式炉和压片机。

(3) 熟悉 PCT 法的实验操作过程：研磨后的样品过筛、超声波清洗，干燥备用，取 $100\sim200$ 目的固体颗粒进行测试，准确称取 $0.2g$ 样品，放入聚四氟乙烯容器中，准确加入 $20mL$ 去离子水（样品颗粒表面积 S 与浸出液体积 V 之比设置为 $2000m^{-1}$），装好反应釜钢套，将整个水热反应釜置于 $90℃$ 的烘箱中，依次在第 1 天、第 3 天、第 7 天、第 14 天、第 28 天、第 42 天更换新鲜的去离子水，并对使用后的浸泡液过滤、酸化，待进一步的元素浓度测量。

4.19.8 实验注意事项

(1) 按照配方要求正确计算各组分质量。

(2) 为确保整个实验安全，须有人值守。

4.19.9 思考题

(1) 气态碘的常用吸附剂有哪些？

(2) 含碘固体废物的固化方法有哪些？

第5部分

科研反哺教学创新性实验

实验 **5.1**
基于 γ 探测的环境本底测量及数据获取分析

5.1.1 实验目的

（1）了解辐射的基本知识和环境中辐射来源和大小。

（2）基于多探头环境 γ 监测系统的环境本底测量，了解环境辐射测量基本原理和方法。

（3）基于环境辐射测量方法，利用多探头环境 γ 监测系统获取环境本底相关数据。

（4）根据环境本底数据，能够对其进行数据分析，获得相应的结论。

5.1.2 实验原理

盖革-米勒计数器是根据射线能使气体电离的性能制成的，是最常用的一种金属丝计数器。两端用绝缘物质封闭的金属管内储有低压气体，沿管的轴线装了金属丝，在金属丝和管壁之间用电池组产生一定的电压（比管内气体的击穿电压稍低），管内没有射线穿过时，气体不放电。当某种射线的一个高速粒子进入管内时，能够使管内气体原子电离，释放出几个自由电子，并在电压的作用下飞向金属丝。这些电子沿途又电离气体的其他原子，释放出更多的电子。越来越多的电子再接连电离越来越多的气体原子，最终使管内气体成为导电体，在丝极与管壁之间迅速地产生气体放电现象。进而有一个脉冲电流输入放大器，并由接于放大器输出端的计数器接收。计数器自动地记录下每个粒子飞入管内时的放电，由此可检测出粒子的数目。

5.1.3 实验内容

（1）利用 SSCC-2B 多探头环境 γ 监测系统对环境本底测量。

（2）利用示波器探究由探测器探测得到的输出波形。

（3）利用信号发生器、数字化仪，通过计算机对模拟信号进行数据获取分析。

（4）利用数字化仪，通过计算机对探测器得到的输出波形进行数据获取分析。

（5）将得到的数据利用 root 进行绘制，得到输出波形。

5.1.4　实验仪器和材料

SSCC-2B 多探头环境 γ 监测系统、数字化仪、KEYSIGHT 33600A Waveform Generator 波形发生器、Tektronix DPO 5034B Digital Phosphor Oscilloscope 示波器（图 5-1）、DT4800 核信号模拟器（图 5-2）、NIM 等相关接口。

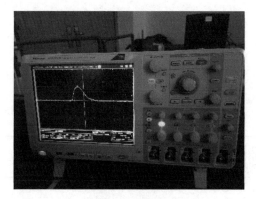
图 5-1　示波器

图 5-2　核信号模拟器

5.1.5　实验方法和步骤

（1）连接多探头环境 γ 监测系统。

（2）用接线连接探测器与示波器。

（3）用接线将数字化仪与计算机连接起来。

（4）用接线将核信号模拟器、信号发生器与数字化仪连接起来。

（5）利用 CAEN WAVECATCHER V1.7 对信号进行调试，并进行相应数据的获取。

（6）使用 root 对得到的数据进行绘制，并对此加以分析。

5.1.6　实验结果

对实验数据进行分析，得出实验结论，提交实验报告。

5.1.7　实验要求

通过基于多探头环境 γ 监测系统的环境本底测量，了解环境辐射测量的基本原理和方法；能够基于环境辐射测量方法，利用多探头环境 γ 监测系统获取环境本底相关数据。

5.1.8　实验注意事项

（1）在实验前，做好实验安全培训。

（2）实验过程中，需要接触设备时，佩戴好防静电防护手套。

（3）实验过程中发现安全事故时，立即拨打报警电话。

5.1.9 思考题

（1）盖革-米勒计数器的工作原理是什么？

（2）环境辐射测量方法还有哪些？

（3）现代工程工具和信息技术工具（如 root），对复杂的辐射防护与核安全工程问题进行合理的预测与模拟时，其局限性有哪些？

实验 5.2
环境水样重金属及痕量放射性元素检测研究

5.2.1 实验目的

通过使用 ICP-OES，熟悉该设备的组成、结构、工作原理及操作细节，从而能够熟练使用并完成实验目标。

5.2.2 实验原理

电感耦合等离子体-原子发射光谱仪（ICP-OES），可对待测样品中七十多种金属元素和部分非金属元素的定性、定量分析，适用于地质、环保、化工等各方面的元素检测，完成数据采集。该设备高效稳定，能够连续、快速进行多种元素的测定，具备高精准度，且获得的工作谱线线性关系强且线性范围广。实验数据可通过与设备相连的计算机直观显示，实验结果可直接读出，十分方便。

ICP-OES 中电感耦合等离子体焰炬温度可达 $6000 \sim 8000K$，当将样品由进样器引入雾化器，并被在氩气气氛下带入焰炬时，试样中组分被原子化、电离、激发，以光的形式发射出能量。不同元素的原子在激发或电离时，发射不同波长的特征光谱，故根据特征光的波长可进行定性分析。元素的含量不同时，发射特征光的强弱也不同，据此可进行定量分析。

5.2.3 实验内容

（1）利用 ICP-OES 测试湖水中所取样品的重金属元素（包括 Cu、Pb、As、Be、Sb、Tl、Cd、Cr、Zn、Ni 和 Hg 等）的浓度。

（2）检测报告的分析及解读。

5.2.4 实验仪器和材料

美国热电 ICP 光谱仪 iCAP 7000 系列 ICP-OES（可测元素数 78 个，测试浓度范围 $1 \sim 20mg/L$）。

5.2.5 实验方法和步骤

（1）采样：采集湖水中不同4个地点的水样（采样位置设定标准见图5-3）。

（2）样品处理：将所取样品过滤、稀释，以达到检测标准。

（3）配制标准液：配制不同浓度梯度的金属混合标准液。

（4）开机：打开氩气气瓶，向仪器通入氩气。打开稳压电源后开启实验设备。打开仪器所用软件。打开通风口进行仪器预热。

（5）仪器状态：打开软件中仪器的状态面板，确认仪器状态正常。待光室温度达到38℃时，打开冷凝设备进行冷却，等待光室温度降低至−46℃。

（6）驱动泵检查：检查驱动泵上的进液管以及出液管是否绷紧。

（7）等离子体开启：打开等离子体开启面板开启等离子体。

（8）设备参数检查：等离子体开启完毕后，检查纠错波长是否在±3nm之间。

（9）测试样品：对采集样品进行测试，检测其所含重金属元素（包 Cu、Pb、As、Be、Sb、Tl、Cd、Cr、Zn、Ni 和 Hg）的浓度。

（10）数据分析：对测试报告进行分析。

5.2.6 实验结果

对实验结果进行分析，得出实验结论，提交实验报告。表5-1用于与测试结果比对、分析。

表5-1 《生活饮用水卫生标准》（GB 5749—2006）（部分重金属元素）

指标	限值/(mg/L)	指标	限值/(mg/L)	指标	限值/(mg/L)
As(砷)	0.1	Cu(铜)	1.0	Ni(镍)	0.02
Cd(镉)	0.005	Zn(锌)	1.0	Tl(铊)	0.0001
Cr(铬)	0.05	Sb(锑)	0.005	Be(铍)	0.002
Pb(铅)	0.01				

5.2.7 实验要求

（1）实验指导老师对 ICP-OES 的组成、结构、工作原理及功能做简单的介绍，并演示测试实验过程。

（2）取水点设置如图5-3所示，采集湖水样时务必注意安全，保证安全第一，不可单独前往。

（3）构建混合元素标注曲线，测试样品中所含重金属元素。

（4）ICP-OES 十分精密，操作人员必须有足够的操作经验，并需在指导老师的监督下进行操作。

（5）实验完成后按照要求写一份实验报告并打印。

5.2.8 实验注意事项

（1）进行开机检查。

图 5-3　取水点示意图

（2）设备状态显示正常后方可进行下一步操作。

（3）对于强酸、强碱样品需咨询老师后方可进行测试。

5.2.9　思考题

（1）如何使用 ICP-OES 设备进行定量分析？

（2）ICP-OES 方法有什么特点？

实验 5.3
铀酰离子的现场快速比色分析方法研究

5.3.1　实验目的

　　一种铀酰离子的比色识别方法，所述识别方法采用 5-(二乙基胺)-2-((5(4(1,2,3-三苯基乙烯)苯基)-2-吡啶)重氮)苯酚作为化学传感器用于分析识别铀酰离子。用稀盐酸对不同浓度的铀酰离子进行滴定，通过颜色梯度来判断铀酰离子的浓度。从而通过铀酰离子不同浓度反映出的颜色来对未知浓度的铀酰离子浓度进行判断，实现铀酰离子的快速判断分析。

　　比色分析是基于溶液对光的选择性吸收而建立起来的一种分析方法，又称吸光光度法。有色物质溶液的颜色与其浓度有关。溶液的浓度越大，颜色越深。利用光学比较溶液颜色的深度，可以测定溶液的浓度。据吸收光的波长范围不同以及所使用的仪器精密程度，可分为光电比色法和分光光度法等。比色分析具有简单、快速、灵敏度高等特点，广泛应用于微量组分的测定。通常测定含量在 $10^{-4} \sim 10^{-1}$ mg/L 的痕量组分。比色分析如同其他仪器分析一样，也具有相对误差较大（一般为 1% ～ 5%）的缺点。但对于微量组分测定来说，由于绝对误差很小，测定结果也是令人满意的。

5.3.2　实验原理

　　配制一定量浓度过氧化氢溶液、一定量浓度稀盐酸溶液和一定量浓度铀酰离子溶液，还需要配制一定量浓度的 ABTS 溶剂。

目视比色法：用视力比较样品溶液与标准品溶液的颜色深浅以确定物质含量。不同物质有不同吸收曲线，可定性鉴别。同种溶液，吸收曲线相似，但吸光度随浓度而改变，可定量测定。定量测定时一般选择最大吸收波长的单色光作为入射光。

5.3.3 实验内容

利用能谱仪对不同浓度的铀酰离子进行测量，获取 α 能谱，进行比对，得出不同浓度铀酰离子的颜色，进行浓度比对。

5.3.4 实验仪器和材料

电子分析天平、超声波振荡仪、试剂小玻璃瓶、移液枪、紫外分光光度计、烧杯、100mL 容量瓶、10mL 容量瓶、稀盐酸溶液、ABTS 试剂、过氧化氢溶液、铀酰溶液。

5.3.5 实验方法和步骤

（1）样品制备：配制各浓度稀盐酸溶液、ABTS 试剂溶液和铀酰离子溶液。

（2）准备 11 个小试剂玻璃瓶，向 11 个瓶中加入 2mL 蒸馏水。使用移液枪向 11 个瓶中加入 0.1mL ABTS 溶剂。

（3）再向 10 个瓶中分别加入 0.1mL……1mL 铀酰离子溶液。再分别向 10 个玻璃瓶子中加入 1mL、0.9mL、0.8mL……0.1mL 蒸馏水，第 11 个小玻璃瓶子中加入 1.1mL 蒸馏水作为对照组。

（4）向配制好的 11 个试剂瓶中分别加入一定量的稀盐酸溶液，用酸碱检测仪进行测量使各溶剂瓶中酸碱度相同。

（5）配制完成后将所有玻璃瓶子放置于室温中静置 1h，等待溶液颜色变化和反应完成，将对照组与实验组试剂进行比对得到不同浓度的颜色。

5.3.6 实验结果

对实验结果进行分析，得出实验结论，提交实验报告。

5.3.7 实验要求

（1）实验指导老师对能谱仪的组成、结构、工作原理及功能做简单的介绍，并演示测试实验过程，按组分别对不同浓度的铀酰离子进行能谱测量及实验。

（2）为确保实验安全，实验过程中，实验人员有责任对实验进行安全监管，切勿用手接触铀酰离子，需戴上手套小心取用。

5.3.8 思考题

（1）如何利用紫外-可见分光光度计进行标准曲线的测定？
（2）铀酰离子的检测方法还有哪些？相应检测方法的原理是什么？

实验 5.4
氧化亚铜吸附碘离子的酸活化机理研究

5.4.1 实验目的

（1）研究 I^- 和氧化亚铜之间吸附反应中的酸活化机理。

（2）熟悉超声波清洗机以及光学显微镜等仪器的使用。

5.4.2 实验原理

$$CuSO_4 + 2NaOH \longrightarrow Cu(OH)_2 \downarrow + Na_2SO_4 \tag{5-1}$$

$$2Cu(OH)_2 + C_6H_{12}O_6 + NaOH \longrightarrow C_6H_{11}O_7Na + Cu_2O \downarrow + 3H_2O \tag{5-2}$$

光学显微镜可利用光学原理，把人眼所不能分辨的微小物体放大成像，如表 5-2、表 5-3 中的不同条件下氧化亚铜的聚集形态，以供人们提取微细结构信息，凭此观察氧化亚铜吸附碘离子的过程。

表 5-2 不同条件下氧化亚铜的形态

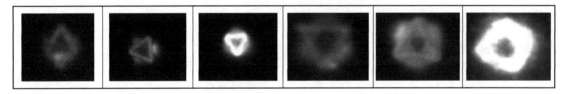

表 5-3 氧化亚铜微粒

项目	1	2	3	4	5	平均值
面积/μm^2	15.308	16.23	16.639	14.807	16.23	13.202
光度	139.649	135.3	137.117	142.821	135.3	115.031

5.4.3 实验内容

（1）制备所需的氧化亚铜。

（2）使用一种暗场显微镜（DFM）方法来原位成像单个氧化亚铜微粒对 I^- 的吸附过程，以研究酸的活化机制。

（3）对使用 DFM 方法得到的结果进行研究。

5.4.4 实验仪器和材料

五水合硫酸铜（$CuSO_4 \cdot 5H_2O$）、酒石酸钠、氢氧化钠、葡萄糖、硫酸、氯化钾、碘化钾、硝酸钠、碘酸钠、盐酸、硝酸、碘、偏高碘酸钠、硫酸钠、移液枪、电子天平、加热炉、超声波清洗机、奥林巴斯 BX53 光学显微镜。

5.4.5 实验方法和步骤

（1）将 50mL 含有 3mmol/L 硫酸铜、12mmol/L 酒石酸钠、21mmol/L 氢氧化钠和 0.67mmol/L 葡萄糖的水溶液混合物在 95℃ 的水浴中放置 40min。最后，收集红色的氧化亚铜沉淀物，用水洗涤三次。

（2）暗场成像实验在光学显微镜上进行，采用 UDCW 油浸暗场冷凝器（NA1.2~1.4）和充电装置（CCD）相机。采用 40X NA0.75 水浸物镜采集散射信号。

（3）将 10μL 0.1mg/mL 氧化亚铜微粒溶液滴在干净的载玻片上，盖上盖子（18mm×18mm）。

（4）加入 10μL 的反应物溶液（不同 pH 值下的 0~0.1mol/L 非放射性$^{127}I^-$溶液），进行实时暗场成像实验。

（5）利用 ImageJ（开源软件）采集和提取 DFM 的图像信息（如单个氧化亚铜微粒的大小和散射强度等）。

5.4.6 实验结果

对实验结果进行分析，得出实验结论，提交实验报告。

5.4.7 实验要求

（1）实验指导老师对实验流程做简单的介绍，对光学显微镜进行操作教学，并演示实验过程。

（2）观察时坐姿要端正，双目并开，可两眼轮换观察以减轻疲劳，不要用手触摸光学玻璃部分，同时防止剧烈碰撞而损坏构件。

（3）显微镜使用后，用擦镜纸清洁镜头，将各部分转回原处，并使用低倍物镜转至中央。

5.4.8 实验注意事项

（1）使用光学显微镜时需严格按照操作流程进行并在使用前检查仪器连接完好。

（2）使用光学显微镜时不能死死抵住镜头，避免显微镜镜头损坏。

5.4.9 思考题

（1）什么是暗场显微镜观察方法？有什么特点？

（2）通过显微镜原位观察酸活化机制可分为几个步骤？

实验 5.5
铋基介孔材料制备及其捕集碘气体研究

5.5.1　实验目的

（1）了解 Bi-SBA-15 材料对气态碘吸附的基本原理。

（2）掌握 Bi-SBA-15 材料对气态碘吸附的基本方法。

5.5.2　实验原理

二氧化硅是介孔材料的典型代表之一，由于其具有良好的介孔结构以及极大的比表面积，在其上接枝不同的材料进行改性可以达到不同的吸附目的。介孔二氧化硅具有孔径均匀可调、孔容大、比表面积大、表面容易功能化修饰、无毒、生物相容性好等优点，是一种理想的药物载体材料。同时也可以使用普通二氧化硅微球进行制备。可以在 SiO_2 微球中加入 $Bi(NO_3)_3$ 溶液搅拌反应，之后加入 $SnCl_2$ 溶于 NaOH 中得到的溶液，将混合搅拌洗涤过滤得到的固体物在氩氢还原保护气氛中烧结后得到铋基二氧化硅材料。

5.5.3　实验内容

（1）实验指导老师对铋基材料在气态碘固化方面的优势、Bi-SBA-15 材料对气态碘吸附的原理、基本制备方法以及相关仪器组成、功能做简单的介绍，简单演示实验操作及仪器使用。

（2）按组分别进行 Bi-SBA-15 材料的制备以及碘气体吸附实验。

（3）实验过程中使用的高温箱式炉温度较高，实验人员不要徒手取样品。

（4）为确保各项仪器使用安全，实验过程中，实验人员有责任对仪器使用过程进行监管。

（5）实验完成后按照要求写一份实验报告并打印。

5.5.4　实验仪器和材料

分析电子天平、水浴锅、烘箱、马弗炉、10mL 离心管、pH 计、移液枪、烧杯、100mL 容量瓶、10mL 容量瓶、离心机、摇床、原子吸收分光光度计、红外灯、高温箱式炉、坩埚、反应釜、SiO_2 微球、固体碘单质、$Bi(NO_3)_3$ 溶液、$SnCl_2$、NaOH 溶液、去离子水。

5.5.5　实验方法和步骤

（1）铋基介孔材料的制备

① 将硝酸铋溶解于硝酸溶液中得到硝酸铋溶液，硝酸铋与硝酸溶液的质量体积比为 (2～8)g：100mL。硝酸溶液的浓度为 0.5～1.5mol/L。

② 向硝酸铋溶液中加入纳米 SiO_2，搅拌 30～45min，得到溶液Ⅰ，硝酸铋与纳米 SiO_2 的质量比为 (2～8)：1.5。

③ 将氯化亚锡溶解于氢氧化钠溶液中,得溶液Ⅱ,氯化亚锡与氢氧化钠溶液的质量体积比为 (1.5~5.5)g:70~120mL,氢氧化钠溶液的浓度为 1.5~2.5mol/L。

④ 将溶液Ⅰ与溶液Ⅱ混合,搅拌 5~10min,在搅拌的同时,采用红外灯对溶液Ⅰ与溶液Ⅱ的混合反应液进行间歇式辐照。洗涤、过滤,得到固体。

⑤ 将步骤④得到的固体在氩氢还原保护气氛下,350~450℃烧结 5.5~6.5h,得到铋基二氧化硅材料。

(2) 捕集碘气体

① 将 50mg Bi-SBA-15 材料装入 5mL 坩埚中,放入装有 0.9g 无放射性碘固体的 450mL 容积反应釜中,并将其密封。

② 将密封的反应釜放入烘箱中 6h,加热至指定温度(75℃/130℃)。

③ 待其自然冷却,取出后称量吸附碘后样品的质量并计算其吸附量。

5.5.6 实验结果

对实验结果进行分析,得出实验结论,提交实验报告。

5.5.7 实验要求

(1) 称量吸附前材料质量、碘固体质量、吸附后样品与坩埚总质量。

(2) 原始数据记录到表 5-4。

表 5-4 不同温度条件下 Bi-SBA-15 材料对碘的吸附数据结果

项目	温度	
	75℃	130℃
吸附前 Bi-SBA-15 的质量/g		
碘固体的质量/g		
吸附后 Bi-SBA-15 的质量/g		

(3) 吸附量计算

Bi-SBA-15 样品的碘捕集容量公式如式(5-3)。

$$q_e = \frac{\delta m}{m_s} \times 1000 \tag{5-3}$$

式中 δm——吸附剂增加的质量,mg;

$\quad\quad m_s$——吸附剂初始的质量,mg;

$\quad\quad q_e$——碘捕集容量,mg/g。

5.5.8 实验注意事项

(1) 注意高温炉的使用方法,避免烫伤。

(2) 固体碘单质对眼睛、皮肤和黏膜有强烈刺激作用,甚至可致灼伤,注意防护工作。

5.5.9 思考题

(1) Bi-SBA-15 介孔材料有什么特点?

（2）固体碘单质的保存形式有哪些？

（3）在做 Bi-SBA-15 材料吸附气态碘的实验时，吸附剂的初始质量 m_1 为 50mg，吸附实验完成后的材料质量 m_2 为 112.3mg，求每克材料能吸附的碘量为多少？

实验 5.6
介孔材料制备及溶液中铯离子吸附研究

5.6.1　实验目的

（1）掌握吸附法的原理。

（2）掌握 MnO_2/SBA-15 材料的制备。

（3）了解介孔二氧化硅吸附剂对溶液中铯离子吸附的基本原理。

（4）掌握介孔二氧化硅吸附剂对溶液中铯离子吸附的基本方法及操作流程。

5.6.2　实验原理

介孔材料是指孔径大小在 2～50nm、结构孔道排列有序的一种多孔材料，目前已经广泛应用于吸附、催化、分离、生物医学等领域。但纯的介孔 SBA-15 材料对放射性废水中 Cs 具有较差的吸附能力。MnO_2 对于铯有着良好的吸附能力，但纯二氧化锰由于颗粒小、不易回收的特点以及较差的物理性质严重限制了其在水溶液中的应用。因此，将 MnO_2 负载于介孔 SBA-15 上形成复合吸附剂材料可以提供更有效的表面及活性位点，从而成为去除废水中重金属的优良吸附剂。

介孔 SBA-15 材料是介孔分子筛家族中一种最为常见的吸附剂材料，它具有比表面积大、形貌可控、均一的孔道直径分布、孔径大小及长度可调变、壁厚且水热稳定性高等优异特性。短孔道 SBA-15 因其孔道短、孔径分布简单均一、孔道走向平行于短轴、有利于物质在内的快速扩散和质量传递、可调的孔径及更高的水热稳定性，表现出较大的吸附容量以及较高的吸附效率而被广泛采用。本实验中采用简单浸渍法，以 $KMnO_4$ 和 $MnCl_2$ 作为二氧化锰的来源。研究了合成条件对复合材料的影响规律，揭示其形成机理，并将制备得到的 MnO_2/SBA-15 材料作为后续 Cs 溶液的吸附剂材料。

5.6.3　实验内容

本实验采用 MnO_2/SBA-15 介孔材料，以其作为铯的吸附剂，考察吸附时间对吸附性能的影响，并初步探讨其吸附机理。

5.6.4　实验仪器和材料

水浴锅、烘箱、马弗炉、10mL 离心管、pH 计、移液枪、烧杯、100mL 容量瓶、10mL 容量瓶、离心机、摇床、原子吸收分光光度计、SBA-15、$KMnO_4$ 溶液、$MnCl_2$ 溶液、NaOH 溶液、MnO_2/SBA-15 介孔材料、标准铯溶液、浓硝酸、浓氢氧化钠溶液、去离子水、缓冲溶液。

5.6.5 实验方法和步骤

（1）0.2g SBA-15 溶于 7mL 0.1mol/L $MnCl_2$ 溶液以及 12.4mL 去离子水，搅拌 30min 后，加入 4.6mL 0.1mol/L $KMnO_4$ 溶液，60℃下搅拌 2h。

（2）用 1mol/L NaOH 调节 pH 至 10；溶液继续搅拌 3h。用去离子水清洗 2～3 次，将沉淀在 80℃下烘干。

（3）所得粉末在 250℃下煅烧 4h。

（4）将标准铯溶液稀释至 100mg/L，并调节这 100mL 溶液的 pH 为 5。

（5）在 5 根离心管上做好标记（5min、10min、15min、20min、30min），各自加入 10mg 的 MnO_2/SBA-15 材料，加入 10mL 的上述溶液，然后将离心管于摇床振荡相应的时间。

（6）将摇荡后的离心管置于离心机中离心 3min（3000r/min），取上清液 0.5mL，并稀释至 10mL。取不同浓度铯溶液作标准曲线。在原子吸收分光光度计下测吸光度。

5.6.6 实验结果

对实验数据进行分析，得出实验结论，提交实验报告。

5.6.7 实验要求

（1）在溶液配制过程中严格按照操作规程，防止酸、碱及强氧化溶液的溅出。

（2）实验后对实验室进行清理，且实验人员自身注意卫生。

5.6.8 实验注意事项

（1）在实验室需要佩戴手套及口罩，避免安全事故的发生。

（2）注意门窗和通风橱的打开，有良好的通风。

（3）轻拿轻放玻璃仪器，避免因仪器损坏被割伤。

（4）使用马弗炉等重要实验仪器时需要在专业人员陪同下操作。

（5）及时将撒在桌面上药品擦拭干净，并将药品和仪器摆放原位。

（6）实验后打扫实验桌面，清洗仪器，记录实验数据。

5.6.9 思考题

（1）孔的分类有哪些？

（2）根据实验操作，求所制备产品中 MnO_2 的质量分数以及 MnO_2 与介孔 SBA-15 材料的物质的量。

$$2KMnO_4 + 3MnCl_2 + 4NaOH \Longrightarrow 5MnO_2(s) + 2KCl + 4NaCl + 2H_2O \quad SBA\text{-}15:60g/mol$$

（3）在做介孔 SBA-15 材料吸附溶液中铯的实验时，铯初始溶液体积为 10mL，浓度为 100mg/L，实验中使用 10mg 的材料进行吸附，吸附平衡后，取 1mL 液体稀释 10 倍，用原子吸收分光光度计测得溶液吸光度为 0.648，求：材料的吸附量是多少［空白对照吸光度 0.225，铯溶液标准曲线 $A = 0.16228Ce - 0.0168$（$R^2 = 0.9997$）］？

实验 5.7
功能化纤维的合成及其对模拟核素的提取研究

5.7.1 实验目的

（1）了解含铀废水相关知识及吸附法回收铀。
（2）掌握化学接枝法制备偕胺肟基离子交换纤维。
（3）探究改性纤维对于高氟高氯含铀废水的吸附效果。

5.7.2 实验原理

偕胺肟基系列的化合物由于能与海水中的三碳酸铀酰络离子螯合，这类化合物吸附海水中铀主要是靠 $C=N$ 双键上的成键电子以及 $C-N$ 中的 N 上的孤对电子与 $[UO_2 (CO_3)_3]^{4-}$ 进行螯合而吸附铀。聚丙烯腈纤维改性机理如式（5-4）。

$$\text{PANF} + \text{NH}_2\text{OH} \cdot \text{HCl} \xrightarrow{343K} \text{AO-PANF} \tag{5-4}$$

5.7.3 实验内容

（1）偕胺肟基离子交换纤维的制备。
（2）将改性纤维用于对高氟高氯含铀废水的吸附铀的研究。
（3）通过研究废水 pH，盐酸羟胺浓度，氟、氯离子浓度等变量，探究离子交换纤维对高氟高氯废水中铀的吸附性能。
（4）通过分析纤维表面功能基团的变化，运用动力学拟合等方法研究解释该改性纤维与铀的螯合机理。

5.7.4 实验仪器和材料

水浴恒温振荡器、微量铀分析仪、可见分光光度计、X 射线衍射谱仪、X 射线光电子能谱仪。甲醇、氯化钠、氟化钠、氢氧化钠、盐酸羟胺（$NH_2OH \cdot HCl$）、铀分析仪专用荧光增强剂、硝酸铀酰 $[UO_2(NO_3)_2 \cdot 6H_2O]$、$1.0\mu g/mL$ 的标铀（市售）等，以上试剂均为分析纯。聚丙烯腈短纤维（长度 12mm，直径 $12\sim21\mu m$）。

5.7.5 实验方法和步骤

化学接枝法是指将纤维基材与含有不饱和基团的单体混合，在特定条件下进行化学反应，以制备具备特殊性质的离子交换纤维。在过氧化苯甲酰存在的条件下，将苯乙烯接枝到基体材料，再进一步磺化制备强酸性离子交换纤维。但该方法制备的纤维接枝率低，单体利用率低，过量单体不易回收，容易造成环境污染和原料浪费。本实验是以聚丙烯腈纤维（PANF）为基体，制备具有偕胺肟基（AO）的改性纤维用于吸附废水中的铀。

（1）铀的标定

① 移取铀浓度分别为 0mg/L、10mg/L、20mg/L、30mg/L、40mg/L、50mg/L、60mg/L、70mg/L、80mg/L、90mg/L 各 1mL 的液体至 50mL 容量瓶中。

② 向每个容量瓶中加入 1mL 偶氮胂Ⅲ和 3mL 盐酸，摇匀。

③ 用去离子水定容至 25mL。

④ 选用 1mL 比色皿，以含 0mg/L 的铀溶液试剂作为空白对比，在波长为 652nm 处测量容量瓶中试液的吸光度。

（2）聚丙烯腈纤维的预处理：将 5.0g 聚丙烯腈纤维加入 500mL 的去离子水中，匀速搅拌 24h，过滤后在 60℃下烘干备用。

（3）偕胺肟基改性纤维的制备见图 5-4。

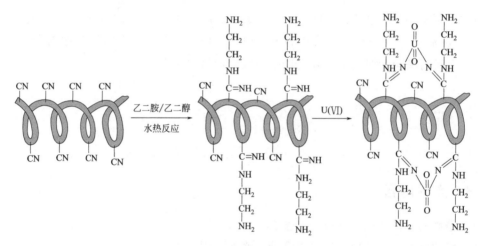

图 5-4　功能纤维合成图

① 将水和甲醇的混合液加入 250mL 的锥形瓶中，再加入一定量的盐酸羟胺，搅拌均匀用 NaOH 调节其 pH 至 7。

② 在锥形瓶中加入适量聚丙烯腈纤维，密封好放入 70℃水浴恒温振荡器中，振荡 5h 后取出。用去离子水洗涤过滤，60℃下干燥 24h 得到偕胺肟基离子交换纤维。

（4）高氟高氯含铀模拟废水制备：称取 0.21g 的硝酸铀酰、3.32g 氟化钠和 0.33g 氯化钠，加入少量去离子水溶解，溶解完全后用 1000mL 的容量瓶进行定容，获得模拟高氟高氯含铀废水。

（5）吸附实验：称取 0.40g 偕胺肟基离子交换纤维，加入 100mL 模拟废水中，密封后放入水浴恒温振荡器中振荡 3h。研究废水 pH（用 1mol/L NaOH 或 1mol/L HCl 调节 pH）、氟离子浓度、氯离子浓度对偕胺肟基离子交换纤维吸附铀性能的影响。采用激光铀分析仪进行定量分析，以其他条件相同的无铀溶液作为仪器本底，消除 F^-、Cl^- 对测试的影响，从而测定吸附前后废水中铀的浓度。

5.7.6　实验结果

对实验结果进行分析，得出实验结论，提交实验报告。

5.7.7 实验要求

（1）实验指导老师对本次课题做基本介绍，对实验的目的、实验内容、实验原理有初步的了解。

（2）要求熟悉整个实验流程，认识各类相关仪器并学会使用。

5.7.8 实验注意事项

（1）进实验室穿防护服，做实验戴手套，用完实验用品要归位、清洗。

（2）按照操作流程使用仪器和用具，避免其遭到损坏。移液枪禁止倒放，使用完毕需将量程调到最大等。

5.7.9 思考题

（1）为什么 pH 较低时 AO-PANF 对铀的吸附容量较大？

（2）哪些因素会影响功能化纤维对高氟高氯废水中铀的吸附性能？

实验 5.8
膜蒸馏组件的制备及其对模拟低放废液的处理

5.8.1 实验目的

（1）认识和理解膜蒸馏工艺的基本原理。

（2）学会膜组件的制备；会配制模拟废水；熟悉膜蒸馏测试实验设备的工作部件、启动及关闭流程；了解操作过程中应注意的事项。

（3）学会对进料液及馏出液的水质进行检测分析，会计算膜通量等体现膜性能的重要参数。

5.8.2 实验原理

膜蒸馏是一种膜分离工艺，是膜技术和蒸馏工艺的结合，通常在该方法中使用的微孔膜是疏水的，真空膜蒸馏原理和工艺流程分别如图 5-5 和图 5-6 所示。在蒸汽压差的作用下，蒸汽通过膜孔到达冷侧，达到分离的目的。膜蒸馏可以在低压和低温下进行，易于操作且分离效率高。膜蒸馏技术常用于溶质的浓缩、非挥发性水溶液的脱盐、废水处理，以及其他领域中溶质的挥发性有机物的去除。

在热进料液体中，挥发性成分在较热一侧的气-液接触界面处蒸发。产生的蒸汽流过疏水膜，跨膜传质的驱动力由膜两侧的分压提供，最后到达膜的

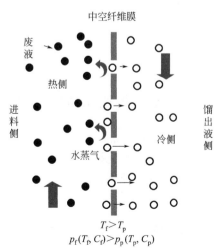

图 5-5　真空膜蒸馏原理图

另一侧被冷凝去除。通常，膜蒸馏过程可以总结如下：

（1）挥发性成分在高温侧膜的表面上蒸发。

（2）汽化的蒸汽通过疏水膜的孔转移。

（3）蒸汽在膜的低温侧冷凝。

冷凝管

循环水式真空泵　馏出液收集瓶　冷凝机　膜组件　蠕动泵　加热套、废液罐

图 5-6　真空膜蒸馏工艺流程图

5.8.3　实验内容

（1）配制模拟废液（低放废液或者一般盐溶液）。

（2）对模拟废液进行真空膜蒸馏实验。

（3）计算膜通量及截留率。

① 膜通量：装置的产水速率采用膜通量（J）来衡量，J 表示单位时间单位膜面积的水蒸气通量 $[L/(m^2 \cdot h)]$，计算如式(5-5)。

$$J = \frac{\Delta V}{A \Delta t} \tag{5-5}$$

式中　ΔV——Δt 时间内收集的产水体积，L；

　　　Δt——时间间隔，h；

　　　A——膜组件内的有效膜面积，m^2。

② 截留率：装置对目标元素的截留效果采用截留率（R）来衡量。R 表示膜截留的溶质量占溶液中该溶质总量的百分率，计算如式(5-6)。

$$R = \left(1 - \frac{C_p}{C_0}\right) \times 100\% \tag{5-6}$$

式中　C_p，C_0——产水和料液中目标元素的质量浓度，mg/L。

5.8.4　实验仪器和材料设备

1000mL 圆底烧瓶、5000mL 圆底烧瓶、300mm 蛇形冷凝管、SXKW 数显温控电热套、UIP WIFI-S183 智能蠕动泵、ZX-LSJ-150 冷却液低温循环机、SHZ-D（Ⅲ）循环水式真空泵、PTFE 中空纤维膜丝。NaCl、$MgCl_2$、Na_2SO_4、Na_2CO_3、硝酸铀酰 $[UO_2(NO_3)_2]$ 皆为分析纯。

5.8.5　实验方法和步骤

（1）膜组件的制备：用剪刀剪取数根长度相同的 PTFE 膜丝，装入材质为 PTFE 的外壳管道中，两端各留有 5cm 左右的膜丝，然后在外壳管道两端分别用 A、B 混合胶密封膜丝间的空隙，待 A、B 混合胶凝固后用刀片切去外壳管道外多余的膜丝，一根完整的膜组件即制作完成。

（2）真空膜蒸馏实验装置的搭建如图 5-6 所示。

（3）了解真空膜蒸馏工艺的操作流程及注意事项。

（4）配制模拟废液（低放废液或者一般盐溶液）。

（5）将模拟废液（进料溶液）倒入 5000mL 圆底烧瓶，并将其置于电热套内，且设置好预加热温度。

（6）进料溶液加热到指定温度后，开启蠕动泵，将液体泵入膜组件的管程，并设置好流量。

（7）开启冷凝机，并设置好冷凝温度。系统稳定后，打开真空泵抽真空，在蒸汽压差作用下，使馏出液进入收集瓶。

（8）称量馏出液的体积，并测定进料侧及馏出液侧的电导率。必要时还需测定进料侧及馏出液侧目标元素的量。

5.8.6　实验结果

对实验数据进行整理、计算、分析，得出实验结论，提交实验报告。

5.8.7　实验要求

（1）实验指导老师对真空膜蒸馏装置的组成、结构、工作原理及功能做简单的介绍，并演示实验操作流程。

（2）按组分别进行模拟废液的真空膜蒸馏实验，测定并记录相关数据。

（3）实验完成后按照要求写一份实验报告并打印。

5.8.8　思考题

膜蒸馏的基本原理是什么？膜蒸馏工艺有什么优点？

实验 5.9
微生物与模拟核素相互作用过程研究

5.9.1　实验目的

（1）了解微生物与核素之间相互作用原理。

（2）熟悉铀溶液及微生物的配制以及培养环境，掌握培养基的制作以及微生物的培养与分离。

（3）培养独立取样、测样以及分析数据的能力，熟练掌握操作过程中的仪器设备。

5.9.2　实验原理

（1）微生物通过分泌某些物质释放到环境中，通过改变环境的条件使得重金属发生沉淀作用，如生物磷等。还可以与微生物表面蛋白发生络合作用，形成金属络合物，被吸附到微生物表面。

代表性微生物与铀作用原理示意图如图5-7所示。

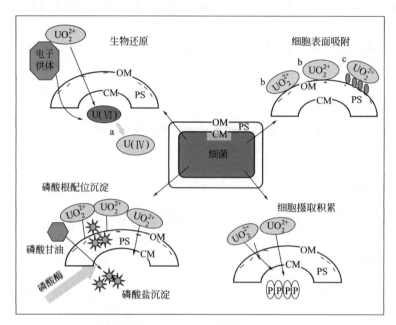

图5-7　代表性微生物与铀作用原理示意图　［图件引自：Choudhary 和 Sar（2015）］
OM—外膜；CM—细胞质膜；PS—细胞周质间隙；P—聚磷酸盐颗粒

（2）细胞表面的蛋白质等胞外聚合物对重金属具有一定的吸附效果，将其吸附到细胞表面。

（3）通过调节溶液中的 pH 可以实现对细胞表面电荷的控制，碱性环境下细胞表面带负电，有利于微生物对重金属阳离子的吸附。同时酸碱度也会影响元素的存在形式，所以需要按照需要合理调节 pH。

（4）吸附到微生物表面的重金属，然后通过微生物与可变价重金属进行电子转移，实现对重金属的固定以及达到解毒的效果。

由于实际环境复杂和影响因素偏多，实验中尽量操作精细，考虑仔细。

5.9.3　实验仪器和材料

紫外分光计、哈希分光光度计、恒温培养箱、离心机、灭菌锅、无菌操作台。
希瓦氏菌菌种、微生物培养基。
六水合硝酸铀酰、偶氮胂Ⅲ、HCl、氢氧化钠、生理盐水等。

5.9.4　实验方法和步骤

（1）微生物的培养、纯化与保存

培养基的配方如表 5-5 所示。

表 5-5　培养基的配方

培养基配方	含量/(g/L)	培养基配方	含量/(g/L)
胰蛋白胨	10	NaCl	5
酵母浸出粉	5		

① 混合均匀后调节 pH 至 7，装入容量瓶，包扎如图 5-8 所示，然后放到高压蒸汽灭菌锅灭菌。

② 打开高压蒸汽灭菌锅，注意水量是否合适。

③ 然后盖上盖子，关闭舱门，打开排气。

④ 待温度升至 90℃，关闭排气。

图 5-8　培养基的制作

⑤ 灭菌完成，放到无菌操作台，进行接种。

a. 先将高压蒸汽锅灭菌之后的培养基紫外照射 3～5min。

b. 用酒精将手消毒，点燃酒精灯。

c. 将接种环在火焰上烧红，待其冷却后，刮取少量的菌体，然后将菌种瓶口及塞子在外焰上灭菌，并在火焰附近塞上塞子。

d. 将接种环上的菌种混入培养基，然后将培养基瓶口及塞子在外焰灭菌，并塞上。

e. 系列操作均在火焰附近进行。

⑥ 然后在 37℃、90r/min 下培养几天（时间越长，菌体越多）。

⑦ 培养好的细菌分别倒入 45mL 离心管（每个管内溶液体积相近）。

⑧ 放入离心机（25℃、5000r/min、10min）。

⑨ 轻轻拿出，倒掉上清液后加入 10～15mL 去离子水继续离心清洗，循环 3 次完成菌体纯化。

⑩ 然后加入生理盐水，放入冰箱进行保存。

（2）微生物对铀的去除能力

① 铀标准曲线制作：配制 10～100mg/L 的铀，分别测量其吸光度，然后通过浓度和吸光度拟合一条曲线，拟合度高于 0.999，选取的最大吸收波长为 652nm。

② 配制最佳微生物浓度，选取的最大吸收波长为 600nm，测得吸光度数值大小为 0.53。不需要添加显色剂，直接加菌液进行测量即可。

③ 配制一定浓度的铀。

④ 将其混合，然后置于恒温培养箱中，培养 24h。

⑤ 取 5mL 进行离心。参数：25℃，5000r/min，10min。

⑥ 离心完成，轻拿，取上清液 1mL，测定溶液在 600nm 波长处的吸光度。测铀需加 1mL 偶氮胂Ⅲ、3mL HCl。

⑦ 读取并记录吸光度，计算剩余铀浓度。

（3）微生物对铀的去除过程与机理

利用红外光谱、X 射线衍射谱、X 射线光电子能谱、扫描电镜及 X 射线能谱等表征手段分析铀与微生物作用产物的基团变化、晶体物相、价态和形貌等。

5.9.5 实验结果

对实验数据进行分析，得出实验结论，提交实验报告。

5.9.6 实验要求

（1）实验指导老师对紫外分光光度计、离心机、恒温培养箱等的操作及原理做简单的介绍，并演示测试实验过程。

（2）按组分别进行相应的实验，过程中严格按照操作规程进行实验操作，有问题及时向指导老师反馈。

（3）实验完成后按照要求写一份实验报告并打印。

5.9.7 实验注意事项

菌类的保存需要特定的温度、湿度、光度。

5.9.8 思考题

（1）接种前后为什么要灼烧接种环？

（2）为什么要待接种环冷却后才能与菌种接触？是否可以将接种环放在台子上冷却？如何知道接种环是否已经冷却？

实验 5.10
裂变产物铯的陶瓷固化处理研究

5.10.1 实验目的

通过合成及分析陶瓷固化体性能，熟悉放射性核素陶瓷固化机理，并掌握基本分析测试手段。

5.10.2 实验原理

乏燃料后处理产生的次锕系（Np、Am、Cm 等）元素和裂变产物（^{90}Sr、^{137}Cs、^{99}Tc、^{129}I 等）的处理与处置给核科学与技术的发展带来严峻的挑战。由于其半衰期长、释热高、放射性强、生物毒性大等特点，世界各国均投入巨资开展相关研究工作。

放射性核素的固化主要有玻璃固化、陶瓷固化及玻璃-陶瓷固化。玻璃固化作为一种成熟的放射性废物处理技术，已实现了高放废物处理工程化应用。陶瓷由于其致密度高、耐辐照、化学稳定性好等优点受到广泛关注，是一种潜在的固化基材。陶瓷固化作为一种新型高放废物固化技术，该技术的发展与成熟能更好地实现高放废物长期安全有效的处理与处置。

放射性核素固化是利用惰性基材（玻璃、陶瓷等）与废物完全混合，使其生成结构完整、具有一定化学耐久性和机械强度的块状密实体的过程。本实验选用陶瓷作为固化基材，模拟放射性核素固化。陶瓷固化是依据类质同象、矿相取代及低共熔原理，放射性核素直接进入矿相的晶格位或晶格间隙中，形成一种热力学稳定的固溶体，从而实现放射性核素的长期安全有效的处理。

5.10.3 实验内容

（1）选用非放射性核素作为模拟核素（如 ^{133}Cs 模拟 ^{137}Cs），利用碳酸盐、氧化物制备固溶体，模拟放射性核素陶瓷固化。

（2）检测样品烧结前后的膨胀/收缩情况，并通过 X 射线衍射仪分析陶瓷物相组成，探讨最佳合成条件。

5.10.4 实验仪器和材料

电子天平、玛瑙研磨钵、台式粉末压片机、高温烧结炉、游标卡尺、X 射线衍射仪。分析纯级别的碳酸盐及氧化物。

5.10.5 实验方法和步骤

（1）配方设计：查阅相关文献，设计样品配方。

（2）称样混料：按照拟订配方称量所需原料；将原料置于玛瑙研钵中，先干混 0.5h，再加入无水乙醇（没过原料）充分研磨至乙醇完全蒸发。

（3）压片成型：称取混匀原料 0.6～0.8g，用压片机将其压制成直径 12mm 的圆片，待烧。

（4）烧结：将成型块体置于坩埚中在高温烧结炉中烧结（根据文献调研设计烧结温度和保温时间）。

（5）表征分析：用游标卡尺测试烧结后块体直径（测 5 次，取平均值），计算线收缩（膨胀）系数。将块体敲碎研磨成粉末，测试 XRD，并分析物相组成。

（6）依据测试结果，确定较佳烧结条件。

5.10.6 实验结果

对实验结果进行分析，得出实验结论，提交实验报告。

5.10.7 实验要求

（1）实验指导老师强调实验室操作规程、注意事项及突发情况处理办法。

（2）设置高温烧结炉运行程序时，需要反复检查确认控温程序无误方可加热。烧结炉工作过程中需按照要求认真记录温度变化情况。

（3）为确保个人安全，实验过程中，需做好防护工作。实验完成后按照要求写一份实验报告并打印。

5.10.8 实验注意事项

对陶瓷固化原理及固化体性能做简单的介绍并演示各仪器设备的正确使用方法。按组分别开展陶瓷固化体合成分析实验。

5.10.9 思考题

放射性核素的后处理方式还有哪些？玻璃固化的原理是什么？

实验 5.11
熔盐法制备石榴石固化体及稳定性研究

5.11.1 实验目的

通过熔盐法制备石榴石固化体来探索石榴石结构固核机理，以及研究石榴石固化体在不同环境的稳定性，即核素在人工矿物固化体中迁移、浸出行为。

5.11.2 实验原理

高放废物（HLW）的安全处置是一项重大课题，主要的处置方法是固化、地下储槽暂存和长期储存。大量的研究表明，人造岩石被普遍认为是固化高放废物的优良基材，其物理性能、抗浸出性能、热稳定性以及抗辐照性能都比玻璃固化基材表现得更优异。石榴石由于对锕系元素的大固溶量和良好的化学稳定性被认为是一种优异的放射性废物固化基体。熔盐法作为一种近代无机材料的合成方法，最开始运用于生长晶体，其后得到广泛应用，运用其合成了多种陶瓷粉体。

人造岩石固化高放废物主要是利用"类质同象"的原理，通过高温固相反应使得放射性废物中的核素进入到固化体的晶格中，从而形成一种热力学稳定的多相矿物固溶体。钇铁石榴石 $Y_3^cFe_2^aFe_3^dO_{12}(Ia3d, Z=8)$ 中 24c 八配位的十二面体位点可被大的二价、三价和四价阳离子占据，16a 六配位的八面体位点可被三价和四价阳离子占据。由 Ce^{4+} 取代 Y^{3+} 从而实现核素固化。

抗浸出性能是衡量放射性废物固化体品质优劣的主要指标之一。固化体在地质处置库的环境中，固化到其中的放射性核素可通过溶解、扩散等途径进入到水圈，而严重危害人类的生存与健康。因此，通过科学评价固化体的抗浸出性能从而判断高放废物人造岩石固化的稳定性。

5.11.3 实验内容

（1）使用熔盐法合成模拟核素铈（Ce）掺杂石榴石基陶瓷固化体。

（2）对合成的陶瓷固化体在不同环境（纯水、可口可乐、湖水）以及温度（常温、40℃）条件下进行稳定性评估（抗浸出实验）。

（3）解读检测分析报告。

5.11.4 实验仪器和材料

分析电子天平、恒温鼓风干燥机、研钵、粉末压片机（图5-9）、高温箱式炉（图5-10）、XRD（物相分析）、SEM（结构分析）、ICP（抗浸出实验核素浓度检测）。实验原料：赤铁矿（Fe_2O_3）、氧化钇（Y_2O_3）、氧化铈（CeO_2）、氯化钠（NaCl）、氯化钾（KCl）（注：NaCl和KCl的共晶盐进行等摩尔混合。各原料需在恒温鼓风干燥机中提前干燥12h）。

图5-9 粉末压片机

图5-10 高温箱式炉

5.11.5 实验方法和步骤

（1）固化体制备

① 按掺铈石榴石固化体（$Y_{3-x}Ce_xFe_5O_{12}$）化学式计算各氧化物原料的质量以及相对应的共晶盐（氧化物质量和×4）的质量。

② 根据①中计算的结果使用分析天平称取干燥后的各原料，放入研钵加入乙醇进行研

磨（研磨时间＞0.5h）直至得到干燥粉体。

③ 将②中得到的混合粉体放入高温箱式炉中，在1100℃下烧结3h得到块状固化体。

④ 将块状固化体研磨成粉，加入去离子水，经过洗涤、抽滤和干燥（恒温鼓风干燥机）得到固化体粉末。

⑤ 使用粉末压片机将④中得到的粉末压制成片得到石榴石基陶瓷片。

⑥ 对获得的陶瓷片进行XRD和SEM表征分析。

（2）抗浸出

① 根据浸出实验（MCC-1）准备浸出容器（聚四氟乙烯容器）与浸出剂（纯水、可口可乐、湖水）。

② 根据浸出实验（MCC-1）准备样品，将样品表面打磨光滑，清洗烘干后计算样品的质量、体积和表面积。

③ 根据样品的表面积，浸出样品表面积与浸出液体积之比 S/V 介于 $0.5\sim10m^{-1}$，计算出所需浸出剂体积。

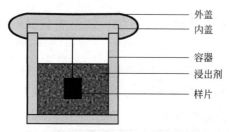

图 5-11　浸出实验原理图

④ 将样品用尼龙绳拴住，挂在盛有浸出剂的容器中间位置，如图 5-11 所示。

⑤ 将容器放入烘箱里（常温、40℃），记下时间。

⑥ 浸出液回取：分别在第1天、第3天、第7天、第14天、第21天、第28天、第35天和第42天时取样，每次取样后更换新的浸出剂，并保持浸出剂体积不变。

⑦ ICP-MAS测试元素浓度并计算元素归一化浸出率。

5.11.6　实验结果

对实验结果进行分析，得出实验结论，提交实验报告。

5.11.7　实验要求

（1）实验指导老师对熔盐法制备石榴石固化体的原理以及相关仪器组成及功能做简单的介绍，简单演示实验操作及仪器使用。

（2）按组分别进行模拟核素固化体的制备以及浸出实验。

（3）实验完成后按照要求写一份实验报告并打印。

5.11.8　实验注意事项

（1）实验过程中使用的高温箱式炉温度较高，实验人员不要徒手取放样品。

（2）为确保各项仪器使用安全，实验过程中，实验人员有责任对仪器使用过程进行监管。

5.11.9　思考题

（1）什么是石榴石？

（2）请叙述熔盐法方法原理及固化后稳定性评价。

实验 5.12
烧结温度对核素陶瓷固化体力学性能研究

5.12.1 实验目的

采用 Ce 模拟替代 Pu 核素，以钕锆烧绿石为固化基质材料，探究不同烧结温度对钕锆烧绿石热稳定性及力学性能的影响，熟悉高温炉、维氏硬度计结构、工作原理及功能。

5.12.2 实验原理

人造岩石固化方法能将高放废液中几乎全部放射性核素固定在稳定矿相的晶格中，具有包容量高、化学稳定性高和抗辐照能力强等特点，是锕系核素的理想固化介质。大量研究表明，锕系核素 U、Np、Pu、Am 和 Cm 在衰变过程中释放的高能 α 粒子和反冲核，易引起固化体的结构原子错位、化学键断裂，甚至蜕晶质化。

$$^{239}Pu \longrightarrow {}^4He(5.15MeV) + {}^{235}U(87.5keV) \tag{5-7}$$

因此，固化介质材料的辐照稳定性是其能否稳定固化锕系核素的首要条件。其次，锕系核素固化介质材料还需满足以下要求：

① 化学、力学和热稳定性好。

② 固化核素种类多及含量高。

③ 固化所需的温度和压力低。

烧绿石型氧化物由于其优良的理化特性，近几十年受到人们的广泛关注。

采用正四棱锥体金刚石压头，在试验力作用下压入试样表面，保持规定时间后，卸除试验力，测量试样表面压痕对角线长度。

材料硬度及断裂韧性按式(5-8)、式(5-9) 计算：

$$H_V = \frac{P}{2a^2} \tag{5-8}$$

$$K_{IC} = 0.16 \times H_V \times a^{1/2} \times \left(\frac{c}{a}\right)^{-3/2} (c/a \geqslant 2.5) \tag{5-9}$$

式中　H_V——硬度；

　　　P——载荷；

　　　K_{IC}——断裂韧性；

　　　a——压痕两对角线长度的一半；

　　　c——从压痕中心测得的裂纹长度。

5.12.3 实验内容

（1）利用光学显微镜观察不同温度烧结的固溶体块材形貌特征。

（2）测试不同载荷下块材的硬度和断裂韧性。

5.12.4 实验仪器和材料

高温电阻炉 SSX-6-16，数显维氏硬度计 HVS-30Z。

5.12.5 实验方法和步骤

（1）样品制备：将预先压制好的固体材料在不同温度（1000℃、1200℃、1400℃）烧结 6h。

（2）观测利用维氏硬度计上光学显微镜观察烧结温度对固化体形貌的影响。

（3）试台的选择：试台应根据试样的形状和尺寸选择，应能保证所加试验力垂直作用于试验面。

（4）维氏硬度计设备操作步骤：①插上电源，打开电源开关，屏幕会显示显微维氏硬度计，这时可按任意键进入主菜单界面；②旋转试验力选择手轮，选择试验力；③在主菜单下旋转转动头，使 10×物镜转动到前方中间位置；④将制备好的试件，放到试台上；⑤转动调焦手轮，在目镜中观察到清晰试验面；⑥调整转动头使压头处于前方中间位置并有明显卡位感觉；⑦按启动键，进行硬度实验（本机可自动完成试验力施加、保持与卸除过程。同时液晶显示屏右上方依次显示：施加试验力，保持试验力，卸除试验力）；⑧当液晶屏右上方重新显示允许实验时，调整转动头到 40×测量物镜下；⑨转动调焦手轮，在 40×测量物镜下观察，使压痕四个顶角清晰。

（5）测量压痕对角线长度：①旋转测微计左右鼓轮，使两刻线与压痕左右顶角相切；②观察测微计右鼓轮，读取测量值，读取方法为主尺数值×100＋副尺数值；③按数字键在 D1 栏内输入测量鼓轮上的读数，并按"确认"键；④将测微计顺时针旋转 90°，通过旋转两个鼓轮使目镜中两刻线与压痕上下顶角相切；⑤观察测微计鼓轮，读取测量值，在 D2 栏内输入测量鼓轮上的读数，并按"确认"键；⑥硬度计将在硬度值栏显示此压痕所测得的硬度。

（6）测量完成后，移动试件重复进行下一个硬度实验。

5.12.6 实验结果

对实验结果进行分析，得出实验结论，提交实验报告。

5.12.7 实验要求

（1）实验指导老师对维氏硬度计的组成、结构、工作原理及功能做简单的介绍，并演示测试实验过程。

（2）按组分别观察不同烧结温度固溶体材料，并测试其硬度和断裂韧性。

（3）实验完成后按照要求写一份实验报告并打印。

5.12.8 实验注意事项

（1）高温电阻炉使用温度不应超过 1000℃，否则会造成永久损坏。

（2）维氏硬度计在操作时注意压头与物件之间的距离，避免损坏压头。

5.12.9 思考题

（1）材料硬度及断裂韧性的公式是什么？
（2）不同温度对于钕锆烧绿石固化体的力学性能有什么影响？
（3）钕锆烧绿石固化体的优点有哪些？

实验 5.13
模拟^{90}Sr污染土壤的玻璃化处理研究

5.13.1 实验目的

通过玻璃化处理模拟^{90}Sr污染土壤的实验过程，了解相关仪器设备的工作原理并掌握其使用方法，认识放射性污染土壤处理的方式方法。

5.13.2 实验原理

在核燃料循环以及核能的使用过程中，由于人为事故或不可抗拒的自然力量，会有部分携带放射性的核素^{90}Sr被释放，进入到土壤中造成不同程度的污染。若不加以防治或采取处理措施，^{90}Sr将会进入到生物圈中对人类及其他生物造成伤害。本实验采用高温烧结的方法，将被污染土壤做玻璃化处理，使其转变为具有一定稳定理化性质的固化体，以达到阻止^{90}Sr损害周边环境和生物的目的。

土壤的成分主要为SiO_2和Al_2O_3，与铝硅酸盐玻璃成分类似，因此可以将其视作铝硅酸盐玻璃基材。利用玻璃制造的工艺，将模拟^{90}Sr污染的土壤放于高温马弗炉中加热熔融形成玻璃体，利用玻璃网络结构的包容性，把模拟^{90}Sr核素包裹到玻璃体中，实现模拟^{90}Sr污染土壤的玻璃化处理。

5.13.3 实验内容

（1）学习高温马弗炉的工作原理及使用方法。
（2）了解玻璃化处理模拟^{90}Sr污染土壤的原理。
（3）制备模拟^{90}Sr污染的土壤玻璃体。

5.13.4 实验仪器和材料

KSL-1400X型高温马弗炉，FA224电子分析天平，刚玉坩埚，玛瑙研钵等。

5.13.5 实验方法和步骤

（1）制备模拟^{90}Sr污染土壤：利用电子分析天平，称取一定量土壤粉体与$SrSO_4$粉末，置于玛瑙研钵中研磨混合，得到模拟^{90}Sr污染土壤。
（2）马弗炉开机：合上电闸，开启电源。

（3）编辑升温程序：点击"A/M"键进入编程，输入起始温度 C_0（室温 25℃）、升温时间 T_1、烧结温度 C_1、保温时间 T_2、最终温度 C_2（注：升温速率不超过 8℃/min）。

（4）装样：将研磨混合后的模拟 ^{90}Sr 污染土壤置于刚玉坩埚中，并将坩埚放入高温马弗炉中，关闭好炉门。

（5）烧结：长按"RUN"键，待屏幕显示"RUN"字幕后松开，点击绿色按钮，开启加热。

（6）取样：加热结束，待系统自然冷却降温至室温后，断开电源，方可开启炉门取样。

5.13.6　实验结果

对实验结果进行分析，得出实验结论，提交实验报告。

5.13.7　实验要求

（1）实验指导老师对高温马弗炉的工作原理及使用方法做简单的介绍，并演示操作过程。

（2）按组分批次进行模拟 ^{90}Sr 污染土壤的玻璃化处理实验。

（3）高温马弗炉属于高温设备，工作期间实验人员尽量与设备保持一定安全距离，不要靠近以免烫伤。

（4）实验完成后按照要求写一份实验报告并打印，于一周后提交。

5.13.8　实验注意事项

为确保安全实验，实验过程中，拿取药品、使用设备应轻拿轻放，高温马弗炉工作期间，必须有人在场值守，确保在发生事故时有人能及时处理或及时通知相关负责老师进行处理。

5.13.9　思考题

（1）放射性污染土壤处理的方式方法有哪些？
（2）玻璃固化的对象是什么？

实验 5.14
模拟 AgIs 的玻璃化处理实验研究

5.14.1　实验目的

解释 B_2O_3 单元玻璃在低温条件下对于 AgIs 的固化效果及所得烧结体对碘的固化机理。

5.14.2　实验原理

为了处理含放射性碘的敷银硅胶（AgIs），采用氧化硼（B_2O_3）与 AgIs 低温烧结玻璃化处理此类放射性碘废物。本实验采用 AgI 和硅胶颗粒物理混合的方式模拟 AgIs。根据敷银硅胶对碘的不同负载量，实验中所设计的碘的负载量为 20％、25％ 和 30％（质量分数）。作为烧制玻璃中常见的降熔剂，纯 B_2O_3 也可烧结转变为玻璃相。

玻璃因其材质不同而具有不同种类的网格，这些网格对于一些放射性核素具有一定的固定作用。本实验中采用 B_2O_3 单元玻璃在低温条件下会转变为具有 ［BO_3］ 和 ［BO_4］ 的玻璃相，这两种玻璃网格对于放射性核素存在一定的固化作用。通过 XRD 获得低温烧结所得固化体的物相。通过红外光谱测定固化体中存在的微观结构。通过扫描电镜对固化体的微观形貌进行观察。同时对每个 XRD 结果进行精修获得 AgI 在固化体中的定量分析。

5.14.3 实验内容

（1）利用传统马弗炉低温烧结方法完成模拟 AgIs 的玻璃化处理实验。
（2）对所得系列玻璃固化体进行 XRD、IR、SEM-EDS 等分析测试。
（3）对所得测试结果进行分析及讨论获得玻璃固化体对碘的固化机理。

5.14.4 实验仪器和材料

PCD-2000 高温理化箱（上海琅玡）、FA1004B 电子天平（上海佑科）、JM-L50 胶体磨（温州龙湾）、FY-24 压片机（天津仁和）、KSL-1200X 马弗炉（合肥科晶）、AR 级的 B_2O_3 和 AgI、硅胶颗粒（$SiO_2 \cdot 0.2112H_2O$）。

5.14.5 实验方法和步骤

（1）预处理：将所有原料置于高温理化箱中 70℃ 保温 12h。
（2）称量：将电子天平预热半小时后，按照配方表称取系列原料样品。
（3）研磨细化：将所称取的原料与去离子水一起置于胶体磨中进行研磨细化过程。细化时间为 6h。
（4）蒸发烘干：将研磨细化后潮湿的样品置于电阻炉上进行蒸发烘干过程，获得混合均匀的烧结前驱体。
（5）压制成型：采用压片机在 15MPa 的压强下将样品压制成圆片，并将其置于氧化铝坩埚中准备烧结。
（6）样品烧结：采用马弗炉对样品进行烧结过程，升温过程采用 5℃/min 的升温速度，保温 6h 后以 1℃/min 的降温速度降至 100℃ 后自然冷却至室温。
（7）制备测试样品：将所得样品进行部分研磨。
（8）样品的测试：通过 XRD 测试获得固化体的物相，通过 IR 获得其微观结构，通过 SEM-EDS 获得样品的微观形貌及所含元素的分布情况。

5.14.6 实验结果

对实验结果进行分析，得出实验结论，提交实验报告。

5.14.7 实验要求

（1）实验指导老师对模拟 AgIs 的玻璃化处理实验所涉及的药品、仪器以及整个实验流程做简单的介绍，并演示实验过程。

（2）按组分别进行预处理及研磨细化实验、烧结实验和测试实验。

（3）实验完成后按照要求写一份实验报告并打印。

5.14.8　实验注意事项

（1）蒸发过程中存在少量有害气体的产生，实验人员应将口罩佩戴好。研磨细化过程注意避免机械伤害。在样品烧结过程中应注意防止高温烫伤。

（2）为确保实验安全，实验过程中，实验人员有责任对实验每一步骤进行监管。

5.14.9　思考题

不同的烧结温度对所得固化体的物相有什么影响？

第6部分

辐射防护与核安全综合设计

实验 6.1
核电站放射性蒸残液固化设计

6.1.1 设计基础资料

(1) 核电站放射性蒸残液总量 $450m^3/a$，比活度 $5.4 \times 10^8 Bq/L$，主要核素 ^{90}Sr、^{137}Cs、^{238}U。主要化学组分 $NaNO_3$，浓度 $250g/L$，含少量悬浮物及有机物，溶液 pH $2\sim4$。

(2) 固化体品质满足 GB 14569.1—2011 低、中水平放射性废物固化体性能要求。

(3) 本厂房为远程控制，直接检修，需要屏蔽裂变产物的 γ 射线，请计算设备室混凝土墙厚度。

6.1.2 设计目的和任务

(1) 设计目的

① 通过此设计实验，掌握中低放废物固化工艺选择、辐射防护计算方法，工艺流程图、平面布置图、辐射分区图的绘制方法，掌握设计说明书的写作。

② 本设计实验是辐射防护与核安全教学中一个重要的实践环节，要求综合运用所学的有关知识，在设计中掌握解决实际工程问题的能力，并进一步巩固和提高理论知识。

(2) 设计任务

根据已知资料，进行中低放废水固化工艺的概念设计。要求确定蒸残液固化处理工艺方案和流程，选择工艺设备，计算主要构筑物的辐射防护屏蔽，布置主要工艺设备和辐射分区。

(3) 上交的设计成果

① 设计说明书。

② 设计图纸（工艺流程图、平面布置图、辐射分区图）。

6.1.3 设计内容

（1）设计说明书

① 说明设计任务、工程性质、水质及固化要求。选择固化处理工艺，论述工艺原理和选择理由。

② 根据规范选择设计参数（包容性、包容率、浸出率等）、设计工艺流程、确定主要设备的选型和数量。

③ 对主要构筑物计算屏蔽层厚度。

④ 对设计进行全面的分析评价，得出结论，指出优点和不足之处。

（2）设计图纸

① 工艺流程图（4#图纸1张）。

绘出全部工艺设备和主要输送设备、全部物料管线和主要辅助管线。标注物料进口和排放口、主要监测点。其他重要标识。要求图纸布局要美观。绘制管线等图例。

② 平面布置图（4#图纸1套）。

绘出主要工艺设备的平面位置。安排控制间、卫生出入口、主要辅助系统（如排风塔）的平面布置。要求以选定尺寸按一定比例绘出全部构筑物，可按地上2层、地下1层布置。要求列表说明图中工艺设备的名称和数量。在图纸右上角绘出指北针。

③ 辐射分区图（4#图纸1张）。

分区原则按热区（红区或污染区）、维修区（橙区或限制区）、清洁区（绿区或非限制区）分布。可结合平面布置图绘制，也可单独绘制。

④ 对图纸的要求。

a. 图纸规格、绘图基本要求符合有关制图标准。

b. 用专业绘图工具绘制（建议采用 Auto CAD），不允许徒手绘制。

c. 图中所有文字和数字标注采用仿宋体，要求字号大小一致，排列整齐。

d. 所有图纸右下角为设计图签，注明图名、学生班级、姓名等。

实验 6.2
后处理厂放射性废水处理设计

6.2.1 设计基础资料

（1）某后处理厂产生放射性废水 $18m^3/d$，平均活度 $4.9 \times 10^5 Bq/L$，主要核素 ^{90}Sr、^{137}Cs、^{60}Co。主要化学组分 $NaNO_3$，浓度 380mg/L，含少量悬浮物及有机物，溶液 pH 2～4。

（2）处理后水质符合《电离辐射防护与辐射源安全基本标准》（GB 18871—2002）。

（3）本厂房为远程控制，直接检修，需要屏蔽裂变产物的 γ 射线，请计算设备室混凝土墙厚度。

6.2.2 设计目的和任务

（1）设计目的

① 通过此设计实验，掌握中低放废水处理工艺选择、辐射防护计算方法，工艺流程图、平面布置图、辐射分区图的绘制方法，掌握设计说明书的写作。

② 本设计实验是辐射防护与核安全教学中一个重要的实践环节，要求综合运用所学的有关知识，在设计中掌握解决实际工程问题的能力，并进一步巩固和提高理论知识。

（2）设计任务

根据已知资料，进行中低放废水净化处理工艺的概念设计。要求确定中低放废水净化处理工艺方案和流程，选择工艺设备，计算主要构筑物的辐射防护屏蔽，布置主要工艺设备和辐射分区。

（3）上交的设计成果

① 设计说明书。

② 设计图纸（工艺流程图、平面布置图、辐射分区图）。

6.2.3 设计内容

（1）设计说明书

① 说明设计任务、工程性质、水质及净化要求。选择净化处理工艺，论述工艺原理和选择理由。

② 根据规范选择设计参数（适应性、去污因子等）、设计工艺流程、确定主要设备的选型和数量。

③ 对主要构筑物计算屏蔽层厚度。要求计算步骤要详细，先给出完整的计算公式和列出设计参数，然后代入公式进行计算［物料衡算，放射性衡算，设备计算（包括蒸发器热工计算、离子交换容量计算），材料计算，阻力计算，动力计算等］。

④ 对设计进行全面的分析评价，得出结论，指出优点和不足之处。

（2）设计图纸

① 工艺流程图（4#图纸1张）。

绘出全部工艺设备和主要输送设备、全部物料管线和主要辅助管线。标注物料进口和排放口、主要监测点。其他重要标识。要求图纸布局美观，绘制管线等图例。

② 平面布置图（4#图纸1套）。

绘出主要工艺设备的平面位置。安排控制间、卫生出入口、主要辅助系统（如排风塔）的平面布置。要求以选定尺寸按一定比例绘出全部构筑物，可按地上2层、地下1层布置。要求列表说明图中工艺设备的名称和数量。在图纸右上角绘出指北针。

③ 辐射分区图（4#图纸1张）。

分区原则按热区（红区或污染区）、维修区（橙区或限制区）、清洁区（绿区或非限制区）分布。可结合平面布置图绘制，也可单独绘制。

④ 对图纸的要求。

a.图纸规格、绘图基本要求符合有关制图标准。

b.用专业绘图工具（建议采用 Auto CAD）绘制，不允许徒手绘制。

c. 图中所有文字和数字标注采用仿宋体，要求字号大小一致，排列整齐。

d. 所有图纸右下角为设计图签，注明图名、学生班级、姓名等。

实验 6.3
压水堆非均匀控制棒的设计

6.3.1 设计基础资料

（1）尺寸要求：非均匀控制棒吸收体外径 $R = 0.43\text{cm}$，长度 $H = 307.6\text{cm}$，包壳厚度 $L = 0.07\text{cm}$。

（2）材料要求：非均匀控制棒中子吸收体材料为 Ag(80%)-In(15%)-Cd(5%)，非中子吸收体材料为不锈钢。

（3）现有基础：堆芯均匀控制棒控制系统 MCNP 模型一套。

6.3.2 设计目的和任务

（1）设计目的

① 通过此设计实验，掌握非均匀功率控制棒的结果和原理、中子通量分布计算方法、非均匀功率控制棒结构图、堆芯中子通量分布图的绘制方法，掌握设计说明书的写作。

② 本设计实验是辐射防护与核安全教学中一个重要的实践环节，要求综合运用所学的有关知识，在设计中掌握解决实际工程问题的能力，并进一步巩固和提高理论知识。

（2）设计任务

根据已知资料，进行非均匀功率控制棒结构设计。要求：非均匀功率控制棒功率水平调节能力达到相同外径的均匀控制棒的 30% 以上。非均匀控制棒引起的轴向功率畸变峰小于相同外径的均匀控制棒的 10%。根据设计要求确定非均匀控制棒的内径 r 和非均匀系数 N。

（3）上交的设计成果

① 设计说明书。

② 设计图纸（控制棒结构图和中子通量分布图）。

6.3.3 设计内容

（1）设计说明书

① 说明设计任务、堆芯功率控制要求。选择非均匀控制实现堆芯功率控制，论述堆芯功率控制原理和选择理由。

② 根据堆芯功率控制要求选择设计参数（非均匀控制棒尺寸、材料和结构等），通过 MCNP5 仿真计算，确定非均匀控制棒的内径 r 和非均匀系数 N。

③ 对设计进行全面的分析评价，得出结论，指出优点和不足之处。

（2）设计图纸

① 控制棒结构图（4# 图纸 1 张）。

分别绘出非均匀控制棒和均匀控制棒的结构图（轴向和径向）。要求图纸布局要美观。

② 中子通量分布图（4#图纸1套）。

分别绘出均匀控制棒系统和非均匀控制棒系统在控制棒处于全拔出和1/3棒位、2/3棒位、全插入时，堆芯中子通量的径向和轴向分布图。为做对比，要求均匀控制棒系统和非均匀控制棒系统的堆芯中子通量分布图绘制在同一个图形里。

③ 对图纸的要求。

a. 图纸规格、绘图基本要求符合有关制图标准。

b. 用专业绘图工具绘制（建议采用 Auto CAD），不允许徒手绘制。

c. 图中所有文字和数字标注采用仿宋体，要求字号大小一致，排列整齐。

d. 所有图纸右下角为设计图签，注明图名、学生班级、姓名等。

实验 6.4
放射源库的设计

6.4.1 设计基础资料

（1）放射源库长 18.4m，宽 12.5m，高 9.8m，占地面积 230m^2，放射源库四周设置实体围墙，放射源库墙到围墙之间距离为 20m。

（2）放射源库储存区共设 35 个圆形储源坑，源坑半径为 0.3m，源坑间距为 1.4m，源坑深度为 1.8m，库坑为半地上式结构，坑顶标高 0.8m。

（3）放射源库储源量为 10 枚，主要包括 α、β 和 γ 放射源。各密封源项及参数如表 6-1 所示。

表 6-1 各密封源项及参数

序号	放射源名称	出厂活度/Bq	编号	定标时间
1	^{241}Am	7.4×10^5	0098AMD02395	2010 年 9 月 14 日
2	^{238}Pu	1.11×10^9	0109P8014984	2010 年 4 月 14 日
3	^{238}Pu	1.11×10^9	0110P8000014	2010 年 4 月 14 日
4	^{238}Pu	3.7×10^8	0110P8000095	2010 年 4 月 14 日
5	^{238}Pu	1.85×10^8	0110P8000075	2010 年 4 月 14 日
6	^{238}Pu	1.85×10^8	0110P8000085	2010 年 4 月 14 日
7	^{60}Co	3.7×10^5	0109CO010055	2010 年 4 月 9 日
8	^{60}Co	6.66×10^7	0109CO000225	2010 年 3 月 18 日
9	^{137}Cs	3.7×10^5	0109CS019605	2010 年 4 月 9 日
10	^{137}Cs	3.7×10^7	0109CS019615	2010 年 9 月 14 日

6.4.2 设计目的和任务

（1）设计目的

① 通过此设计实验，掌握不同源项的活度，在相同的条件下分别计算 1m 远处的空气

比释动能率。

② 本设计实验是辐射防护与核安全教学中一个重要的实践环节，要求综合运用所学的有关知识，在设计中掌握解决实际工程问题的能力，并进一步巩固和提高理论知识。

（2）设计任务

根据已知资料，进行放射源库的设计。要求：放射源库符合国家相关标准。

（3）上交的设计成果

① 设计说明书。

② 设计图纸（放射源库的平面布置图和屏蔽计算过程）。

③ 屏蔽计算和仿真过程。

6.4.3　设计内容

（1）设计说明书

① 根据密封源性能对拟建设施放射源存储大厅的源坑进行功能区划分。论述划分的依据及理由。

② 根据不同点位的累积空气比释动能率，设计源库墙壁厚度、库门及四周围墙的厚度。

③ 如果源库同时储存 35 枚密封源，考虑空气比释动能率的累积效应，选取一个到各个源坑距离之和最小的源坑作为计算点，对源坑盖板屏蔽进行设计，计算源坑盖板的厚度。

（2）设计图纸

① 平面布置图（4$^\#$图纸 1 张）。

绘出源库、主要场地分区、其他重要标识。要求图纸布局要美观。

② 屏蔽计算全过程（4$^\#$图纸 1 套）。

写出屏蔽计算详细全过程，选择合适的屏蔽材料。

③ 验证。

选用适用的屏蔽计算软件来模拟设计源库，并与计算结果进行对比，验证其合理性。

④ 对图纸的要求。

a. 图纸规格、绘图基本要求符合有关制图标准。用专业绘图工具绘制（建议采用 Auto CAD），不允许徒手绘制。

b. 计算公式应写清楚计算步骤及全过程。

c. 图中所有文字和数字标注采用仿宋体，要求字号大小一致，排列整齐。所有图纸右下角为设计图签，注明图名、学生班级、姓名等。

d. 写明国家的法律法规及相关标准。

参考文献

［1］ GB 18871—2002.电离辐射防护与辐射源安全基本标准.北京：中国标准出版社，2002.

［2］ HJ 899—2017.水质总 β 放射性的测定厚源法.北京：中国标准出版社，2017.

［3］ 陈伯显，张智.核辐射物理与探测学.哈尔滨：哈尔滨工程大学出版社，2011.

［4］ 凌球，郭兰英.核辐射探测学.北京：原子能出版社，1995.

［5］ 逢锦鑫，岳维宏.基于处置的放射性废物的分类方法应用研究.原子能科学技术，2014，48（增刊）：750-757.

［6］ 罗上庚.放射性废物处理与处置.北京：中国环境科学出版社，2007.

［7］ 顾忠茂.核废物处理技术.北京：原子能出版社，2009.

［8］ 吴王锁，翟茂林，李首建，等.放射化学与辐射化学实验教程.兰州：兰州大学出版社，2015.

［9］ 张晓红，刘希琴，凌永生，等.辐射防护实验教程.西安：西北工业大学，2016.

［10］ 孟庆勇，黄庆德，等.核医学实验教程.北京：科学出版社，2010.

［11］ Liu Cheng，Zhao Fuyu，Liu Du，et al. Research on non-uniform control rod for PWR. Progress in Nuclear Energy，2021，133：103527.

［12］ Choudhary S，Sar P. Interaction of uranium（Ⅵ）with bacteria：Potential applications in bioremediation of U contaminated oxic environments. Reviews in Environmental Science and Bio/Technology，2015，14（3）：347-355.